한국인 맞춤형 세계 최고의 저속노화 건강 식단

맛있는
지중해식
레시피

Mediter ranean diet

한국인 맞춤형 세계 최고의
저속노화 건강 식단

맛있는
지중해식
레시피

비타북스

프롤로그

영양 밸런스로 건강해지는 기적의 지중해 식사

지금처럼 먹거리가 중요한 시기가 있었을까요?

건강이 화두로 떠오르면서 건강의 근간을 이루는 영양과 함께 먹거리에 대한 관심이 높아졌습니다. 이러한 관심을 틈타 '어떤 질환에 어떤 식품이 좋다'라는 수많은 영양 정보와 건강 기능성 식품이 등장해 혼란을 주며, 식품의 과·오용으로 인해 건강에 도움이 되기는커녕 오히려 해가 되는 경우도 자주 목격합니다. 단언하자면 질환을 낫게 하거나 예방하는 단 하나의 식품은 이 세상에 존재하지 않습니다.

그러나 건강에 도움이 되는 식단은 있습니다. 바로 지중해 식단입니다. 지중해 식단은 세계적으로 오랜 기간 동안 많은 연구를 통해 건강 효과가 과학적으로 입증된 식단입니다. 지중해 식단은 단순한 슈퍼 푸드 리스트도, 지중해에서만 나는 재료를 사용한 특정 지역의 식단을 의미하지도 않습니다. 무엇보다 중요한 특징은 일상에서 먹는 다양한 식품이 가지고 있는 영양소의 밸런스를 통해 자연스럽게 내 몸에서 영양적 균형이 이루어지게 하는 식사의 구성에 있습니다.

메디쏠라 연구소는 한국인의 일상에 적용할 수 있는 지중해 식단의 원리를 찾아내기 위해 오랜 기간 많은 연구를 해왔습니다. 특히 바쁜 현대인을 위해 밥과 국, 반찬으로 차려야 하는 백반 형태의 식사가 아닌 '한 그릇'으로 한 끼니의 영양을 충족할 수 있는 다양한 메뉴를 개발했습니다. 또한 유수한 대학병원의 교수진과 임상 연구를 진행해 여러 질환에서 건강 효과를 발견하고, SCI(Science Citation Index, 과학인용색인)급 논문으로 발표하면서 한국형 지중해 식단의 과학적 근거를 갖추고 있습니다.

이 책에서는 그동안 막연하기만 했던 지중해 식단에 대한 기초 원리 및 지식부터 실제 생활에서 적용할 수 있는 한국형 지중해식 영양 설계로 개발한 레시피까지 전 과정을 꼼꼼하게 다루었습니다. 특히 우리 주변에서 쉽게 구할 수 있는 한국의 식재료로도 충분히, 그리고 완벽하게 지중해 식단을 구성할 수 있도록 다양한 메뉴를 제시했습니다. 하루에 한 가지씩 만들면서 꾸준히 지중해 식단을 실천하고 즐기다 보면 맛있게 먹었을 뿐인데 어느덧 건강해진 자신을 발견할 수 있을 것입니다.

메디쏠라 연구소장 김형미

지중해 식단, 스페인에서 건강의 해답을 찾았습니다

안녕하세요, 메디쏠라 공동대표 이승연입니다.

저는 사회생활을 시작한 이후 불규칙적인 생활과 식습관을 15년 이상 반복하면서 언젠가부터 원인을 알 수 없는 질환들을 앓게 됐어요. 몸은 점점 민감해지고, 다양한 증상과 통증이 더해지면서 일상생활도 완전히 무너졌습니다. 돌이켜보면 바쁜 업무에 치여 식사를 소홀히 하고 커피와 술을 달고 살았던 습관이 악영향을 미쳤다고 생각해요. 30대 후반에 이르러서는 어떤 음식도 쉽게 섭취할 수 없어 많은 병원을 전전하며 통증과 증상의 원인을 찾아다니는 답답한 시간을 보냈습니다.

그러던 2016년 봄, 담당 의료진으로부터 임상 영양전문가이신 김형미 연구소장님을 소개받아 '영양실조'라는 충격적인 진단 결과를 듣게 됐어요. 함께 식단 일기를 작성하며 식습관을 분석하는 과정은 저에겐 한 줄기 희망이나 다름없었죠. 소장님과의 만남으로 그동안 제가 얼마나 몸을 해치고 있었는지, 또 생명체를 살아 움직이게

하는 '영양'이 우리 몸에 얼마나 중요한 역할을 하는지도 조금씩 깨닫게 되었어요.

그렇게 원인을 찾아가고 건강을 회복하던 중인 2018년 가을, 친구와 우연히 떠난 열흘간의 스페인 여행에서 컨디션이 회복되고 평소 느끼던 통증이 줄어드는 신비한 경험을 하게 됐습니다. 놀라운 마음으로 매끼 올리브유와 해산물, 이베리코 등의 신선한 재료로 만든 지중해식을 마음껏 즐겼습니다. 이 경험을 즉시 김형미 소장님과 주치의인 이지원 교수님께 전했어요. 때마침 이 시점은 지중해식이 세계에서 가장 건강한 식단으로 인정받고, 주목을 끌기 시작한 때였습니다. 우리는 세계적인 건강식, 장수의 비결로 꼽히는 지중해식 식단의 비밀이 무엇인지 궁금해했습니다.

이후 지중해식의 효과와 연구 결과를 찾으며 자연스럽게 메디쏠라를 시작하게 되었습니다. 메디쏠라는 지중해의 생명력 넘치는 식사를 통해 건강과 삶의 활력을 되찾은 저의 경험을 푸드케어(Foodcare)라는 신념으로 담아 모두에게 전하는 치유의 메시지이자 합리적인 영양 솔루션입니다. 건강과 행복 사이에는 제대로 된 매끼 식사의 위대함이 있습니다. 이 책에 담긴 건강하고 균형 잡힌 영양 식사로 여러분들의 삶에도 활기찬 에너지가 늘 함께하길 기원합니다.

메디쏠라 공동대표 이승연

푸드케어, 식사로 돌보는 건강한 삶의 행복

안녕하세요, 메디쏠라 공동대표 이돈구입니다.

'당신이 먹는 것이 곧 당신이다(You are what you eat)'라는 표현을 들어보셨나요? 이 표현은 어느 순간 많은 사람에게 평생의 지침이 되었습니다. 삶에서 제일 중요한 건강을 위해서는 무엇보다 '무엇을 먹고, 어떻게 먹는가'를 신경 써야 합니다.

세상에는 당뇨나 고혈압을 일으킬 수 있는 탄수화물이 가득하고 달고 짠 음식들이 우리의 오감을 자극합니다. 고지방, 고칼로리 음식들이 우리의 식탁을 차지하면서 적정 체중을 유지하는 일은 힘든 과제가 되었습니다. 일정량의 단백질과 불포화지방산 섭취, 여기에 더해 적절한 수면과 운동까지 건강을 바람직하게 관리하기는 매우 어렵습니다. 그러기에 매일 섭취하는 식사가 더욱 중요해졌습니다.

하지만 바쁜 일상을 보내는 현대인에게 '건강 문제'는 다소 피상적이며 매끼 소중한 식사를 '때우는 일'로 여기며 살아가는 경우를 흔히 봅니다. 제대로 된 식사에 소홀해지는 한편 손쉽게 건강기능식품으로 나에게 맞거나 필요한 영양이 무엇인지 모르고 섭취하는 경우가 많습니다. '신체 정보, 영양 상태, 질환 여부 등이 각자 다른 개인에게 맞는 케어는 무엇이 있을까?'라는 고민을 합니다. 메디쏠라는 맛있는 음식을 섭취하는 행복과 건강을 위한 영양 균형을 찾는 것에서부터 진정한 케어의 여정을 시작하고 있습니다.

저는 지금껏 바이오 헬스케어 분야에서 난치성 질환을 극복하기 위한 도전, 일상에서 건강을 증진하기 위한 여러 가지 기술을 다루는 데 매력을 많이 느껴왔습니다. 그래서 관련 지식을 바탕으로 산업과 투자 관점까지 두루 살피며 현실적으로 우리가 건강을 지키기 위한 근본적인 방법으로 케어를 바라보고 있습니다.

전 세계적으로 확장 및 발전되는 헬스케어 솔루션 산업이 인류의 전주기적 핵심가치를 이롭게 하는 라이프 케어로 성장하는 과정에서 '좋은 영양으로 구성된 식단'이 도움이 되리라고 믿습니다. 메디쏠라가 출발한 이유가 모든 사람에게 영양 균형과 건강한 행복을 전하기 위한 것처럼 이 책이 여러분들에게 조금이라도 도움이 된다면 정말 기쁠 것 같습니다.

메디쏠라 공동대표 이돈구

Contents

Part 3 완벽 영양 밸런스 지중해식 레시피

특별한 날, 특별한 사람에게 대접하는 정통 지중해 요리

달콤하지만 건강을 생각한 디저트

일러두기

1. 이 책에서는 정확한 영양 성분을 맞추기 위해 모든 재료에 그램(g) 표기를 기본으로 하되 쉬운 조리를 위해 괄호 안에 눈대중 표기를 함께 넣었습니다. 다만, 지중해 식단의 효과를 제대로 느끼고 싶다면 저울을 사용해 재료를 정확하게 계량하는 것을 추천합니다.

2. 이 책에 나오는 레시피는 모두 1인 또는 1회 분량입니다. 여러 끼를 한 번에 만들 경우 제시된 재료를 필요한 양만큼 곱해서 사용하면 됩니다.

3. 요리에서 사용하는 소스는 만드는 법을 따로 표기해두었으나 시중에서 판매되는 것을 사용해도 괜찮습니다. 단, 당과 칼로리를 확인해 낮은 칼로리의 저당 소스를 사용할 것을 추천합니다.

지중해식 식단은 다양한 질병을 예방하고 관리하는 데 도움이 되는 세계 최고의 건강 식단입니다. 2010년에는 세계보건기구에서 건강하고 지속 가능한 식생활 문화로, 2013년에는 유네스코에서 인류 무형문화유산으로 선정하기도 했습니다. 그렇다면 지중해식 식단이 무엇인지 구체적으로 알아봅시다.

Part · 1
글로벌 건강 부스터, 지중해식 식단

지중해식 식단, 무엇일까요?

건강식으로 잘 알려진 지중해식 식단은 세계무형문화유산에 등재될 정도로 전 세계적으로 그 가치를 인정받고 있습니다. 몇 년 전부터 우리나라에서도 건강식으로 크게 각광받고 있지만, 지중해식 식단이 무엇인지 정확히 아는 사람은 많지 않습니다. 지중해식 식단이란 지중해 연안 국가에서 즐겨 먹는 음식을 위주로 구성한 식문화로, 식물성 식품과 올리브유, 생선, 견과류 등을 많이 섭취하고, 붉은 고기, 가공식품을 제한하는 식사법입니다. 특히 지중해를 둘러싼 국가들인 스페인 남부, 이탈리아, 아프리카 북부, 과거 유고슬라비아(현재 크로아티아, 보스니아헤르체고비나 등), 그리스, 튀르키예, 이스라엘 등에서 고대부터 오랫동안 이 식단을 유지하고 있습니다.

1948년, 전염병 학자인 릴런드 올바우(Leland Allbaugh)는 록펠러재단의 후원으로 당시 빈곤국이었던 지중해의 크레타섬 주민의 영양 상태를 연구했는데, 그 결과 크레타 주민들이 영양불량, 각종 질환의 발병률이 다른 국가보다 낮음을 발견했고, 그 중심에 지중해 식단이 있음을 보고했습니다. 또한 1950년 초반 미국에서는 신종 전염병이라고 할 정도로 40~50대 인구 집단에서 심장병 발병이 크게 늘었는데, 당시 미국 미네소타대학교 교수인 앤슬 키즈(Ancel keys)는 식습관과 심장질환 발병률의 상관관계를 연구하다가 남부 이탈리아에서 상류층 외에 집단의 심장병 발병이

유난히 낮은 것을 발견했습니다. 이에 이탈리아 나폴리를 중심으로 식단 연구를 지속했고, 전통적인 지중해식 식단이 심장질환을 예방한다는 것을 확신하게 되었습니다.

1958년, 키즈 교수의 연구팀은 심장질환의 위험 요인을 밝히기 위해 그리스, 이탈리아, 크로아티아, 일본, 핀란드, 미국, 네덜란드 국민을 대상으로 〈일곱 개 국가 연구〉라는 대규모 역학 연구를 진행했습니다. 그 결과 심장병 발병에 포화지방산 섭취량이 영향을 미친다는 것을 밝혀냈으며, 지중해 지역 주민들의 심장질환 발병 및 사망률이 가장 낮다는 것도 알게 되었습니다. 이로써 지중해식사와 건강 사이에 확실한 연관성이 있다고 결론 내렸습니다. 이 연구를 토대로 지중해 연안 국민들이 전통적으로 해산물, 통곡물, 견과류, 신선한 과일과 채소, 엑스트라버진올리브유를 주로 섭취하며, 가름류, 달걀, 붉은 고기, 당질 식품류는 적게 먹는다는 것도 밝혀졌습니다.

이후 지중해식 식단이 심혈관 및 뇌 질환, 당뇨병, 대사증후군, 암 등의 예방과 관리에 도움이 된다는 연구를 통해 의학계에서도 많은 관심을 가지고 연구가 활발히 진행되었습니다. 이후 지중해식 식단은 2010년 세계보건기구(WHO)로부터 건강하고 지속 가능한 식생활 문화로, 2013년 유네스코(United National Education, Scientific and Culture Organization)로부터 세계무형문화유산으로 지정되었습니다.

지중해식 식단의 5가지 건강 원리

의학전문지 『란셋(Lancet)』은 2015~2017년 195개국을 대상으로 조사한 결과, 조기 사망 원인 1위로 '잘못된 식습관(1100만 명)'이 꼽혔다고 밝혔습니다. 2위가 고혈압(1040만 명), 3위가 흡연(800만 명)으로 나타났죠. WHO는 암, 심혈관질환, 당뇨병, 신장병과 같은 비감염성 질환의 주요 원인으로 식습관, 식사 요인 등 생활 습관을 들고 있습니다. 우리나라 역시 영양, 음주, 흡연을 건강의 3대 위험 요인으로 보고 있습니다. 이 중 영양 문제가 특히 중요하죠.

건강식은 우리 몸에 필요한 다양한 영양소들이 양적인 면과 질적인 면에서 균형을 이루고 있는 식사입니다. 이러한 식사를 '건강 식단'이라고 합니다. 지중해 식단은 그런 의미에서 건강 식단입니다. 미국 『US News and World Report』는 2023년까지 6년 연속 지중해 식단을 세계 최고의 건강 식단으로 선정했습니다. 지중해식에 대한 연구 결과를 근거로 지중해 식단이 건강과 질병 예방에 좋은 점을 영양학 관점에서 살펴봅시다.

1. 필수아미노산의 지속 공급

단백질은 영어로 protein(프로테인)이라고 하는데 이는 그리스어의 protos(프로토스)에서 유래했습니다. 프로토스는 '으뜸가는', '제일의'라는 뜻이죠. 단백질은 인체에 수분(60~70%) 다음으로 많은 성분으로, 인간의 생명 활동에 기본이 되는 영양소이기 때문입니다.

몸은 매일 필요한 단백질(세포, 효소, 호르몬, 근육 등)을 유전자 정보에 따라 합성합니다. 다양한 형태의 단백질을 합성하기 위해서는 20종의 아미노산이 필요한데, 이 중 트립토판, 라이신, 메티오닌, 페닐알라닌, 트레오닌, 발린, 로이신, 이소로이신까지 9종의 아미노산은 체내에서 합성되지 않으므로 반드시 음식으로 공급받아야 합니다. 이 아미노산들을 '필수아미노산'이라고 합니다. 단백질 합성과 교체 시에는 필요한 아미노산의 종류와 양이 제대로 있어야 하므로 평소에 필수아미노산이 풍부한 동물성 단백질 식품을 매일 꾸준히 먹는 것이 좋습니다. 지중해식 식단에는 매끼 단백질 식품이 포함되고, 필수아미노산이 풍부한 동물성 단백질 식품과 식물성 단백질 식품이 적절히 조화를 이루고 있습니다. 이로써 체내에서 단백질 합성 효율을 높여 신체를 튼튼히 구성하고 근육을 유지해줍니다.

한편 동물성 단백질 식품에 함유된 지방산은 종류에 따라 건강에 영향을 줍니다. 지중해식 식단은 포화지방산이 많이 함유된 붉은 고기류(소고기, 돼지고기)보다는 필수아미노산과 필수지방산이 함유된 생선과 해물류로 구성되어 있어 건강에 큰 도움이 됩니다.

2. 균형 잡힌 필수지방산 섭취

지방이 무조건 건강에 해로운 것은 아닙니다. 우리 몸은 탄수화물, 단백질, 지방을 섭취하면 이를 기초대사와 활동에 필요한 열량으로 사용하고, 열량으로 사용되지 않은 영양소는 지방으로 바꾸어 몸에 저장합니다. 저장

된 지방은 에너지 창고인 셈이지요. 이 외에 포화지방산은 고체 상태로 얼굴과 체형을 일정한 형태로 잡아주는 역할을 합니다. 여성은 일정 수준의 지방이 있어야 생리를 하고 임신도 가능해집니다. 이때 지방은 임신 시 태아에 주요한 에너지원이 된답니다. 지방에서 제일 중요한 부분은 세포막과 뇌 조직의 구성 성분인데, 이 지방은 불포화지방산 구조로 이루어져 있습니다.

지중해식 식단의 건강 비결은 건강한 지방, 즉 필수지방산의 균형 잡힌 섭취입니다. 필수지방산은 체내에서 합성되지 않아 반드시 음식으로 섭취해야 합니다. 필수지방산은 불포화지방산 구조에 따라 오메가-3 지방산이나 오메가-6 지방산, 오메가-9 지방산으로 분류되는데, 이 중에 오메가-3 지방산이 건강에 가장 좋은 영향을 미칩니다.

지중해식에서는 생선이나 해물류의 섭취 빈도가 높기 때문에 오메가-3 지방산의 양이 많으며, 오메가-9 지방산이 함유된 엑스트라버진올리브유를 주로 사용하므로 오메가-6 지방산의 섭취량은 상대적으로 적습니다. 이로 인해 오메가-3 지방산과 오메가-6 지방산의 비율이 1:4 이하로 맞춰져 건강 밸런스를 적절하게 유지합니다.

3. 혈당을 천천히 올리는 통곡물 탄수화물 식품

지중해식의 탄수화물은 통곡물 위주로 구성되며, 한식에 비해 먹는 양이 적습니다. 탄수화물은 체내에 포도당으로 저장되어 에너지원으로 사용됩니다. 탄수화물 식품은 복합당류 식품과 단순당류 식품으로 구분하는데,

복합당류 식품인 통곡류(현미, 귀리, 보리 등)는 섭취 후 소화 흡수 시간이 느리기 때문에 혈당을 천천히 올립니다. 이로써 혈당을 세포로 이동시켜 주는 인슐린 호르몬과 균형을 이룹니다. 또한 통곡류에 함유된 식이섬유소는 포만감을 오랫동안 유지해주어 식사량을 줄이는 데 도움이 되며, 몸에 흡수되지 않고 장 속에 좋은 유산균이 살기 좋은 환경을 만들어 대장암을 막아주는 효과가 있습니다. 이 외에도 혈압 강하, 당뇨병 발생 감소, 혈당조절 개선, 체중 감소, 뇌졸중, 심근경색 등의 심혈관질환 감소 등의 효과가 수많은 연구 결과로 나타났습니다.

반면 단순당은 분자 구조가 단순해 소화 흡수가 빨라서 혈당 수치를 빠르게 올리고, 이렇게 올라간 혈당 수치를 조절하기 위해 췌장에서는 인슐린이라는 호르몬 분비를 늘립니다. 단순당으로 혈당이 급격히 올랐다가 빠르게 떨어지면, 우리 몸은 극심한 배고픔을 느끼면서 다시 '당'을 찾는 악순환을 반복합니다. 이것이 바로 탄수화물중독(당중독)입니다. 단순당은 백미, 흰 밀가루, 백설탕 등 정제 과정을 거친 식품과 사탕, 과자, 초콜릿, 도넛, 케이크, 탄산음료, 믹스커피, 아이스크림과 같은 가공식품에 많이 들어 있습니다. 지중해식사에는 설탕이 거의 사용되지 않습니다. 아마도 예전에는 설탕이 없었기 때문 아닐까요?

4. 비타민과 미네랄, 폴리페놀 성분의 충분한 섭취

다양한 채소류의 섭취는 지중해식 식단의 핵심입니다. 가지, 토마토, 오이, 당근, 양파, 아스파라거스, 아티초크, 비트, 파프리카, 브로콜리, 배추, 버섯류, 호박, 로메인, 근대 등 모든 채소가 포함됩니다. 특히 지중해식사에 자주 등장하는 토마토에는 라이코펜이라는 항산화 성분이 풍부해 체내 세포를 공격하는 활성 산소 제거에 효과가 탁월한 것으로 알려져 있습니다. 이밖에 바질, 월계수 잎, 민트, 파슬리, 오레가노, 로즈마리, 딜, 타임과 같은 허브도 사용합니다. 지중해식사에서는 신선한 채소에 엑스트라버진올리브유와 포도를 발효시켜 만든 발사믹 식초를 드레싱으로 곁들인 샐러드를 주로 먹습니다. 이는 요리에서 열 사용을 줄여 비타민과 미네랄 파괴를 줄여주는 효과가 있습니다.

5. 칼슘 섭취를 높이는 유제품

지중해식사에서는 요구르트, 치즈 등 유제품을 꾸준히 섭취합니다. 의외로 우유는 전통적인 지중해 식단에서 찾아볼 수 없습니다. 냉장 시설이 없던 옛날, 따뜻한 기후의 지중해에서는 우유보다는 치즈나 요구르트를 많이 만들어 먹었기 때문이죠. 특히 그리스 지중해 연안에서 인공 첨가물 없이 원유를 농축해 발효시킨 그릭요거트는 세계적인 건강 슈퍼 푸드로 알려져 있습니다. 그릭요거트에는 장내 유익균인 프로바이오틱스가 풍부해 장 건강에 도움이 됩니다. 또한 유제품은 칼슘의 가장 좋은 공급원이기도 합니다. 우유 한 팩인 200ml에는 칼슘 200mg이 포함되어 있는데, 이로써 하루 칼슘 권장량의 25%를 충족할 수 있습니다. 지속적인 유제품 섭취로 칼슘 공급이 원활해지면 뼈도 건강해집니다.

질병 예방부터 면역력 증가까지

지중해식 식단은 지중해 지역 주민들의 일상 식사 패턴입니다. 최근 지중해식사가 다양한 질환의 예방과 관리에 도움이 된다는 연구 결과가 많이 발표되고, 국가 차원에서도 국민의 건강에 도움이 되는 합리적인 식단으로 선정하고 있습니다. 뿐만 아니라 의료계에서도 심장질환, 뇌질환, 암, 대사성질환 등 만성 질환 환자들에게 치료에 도움을 주는 식사로 지중해 식단을 권고합니다. 그렇다면 어떤 상황과 질환에서 지중해 식사법이 도움이 되는지 알아봅시다.

1. 암

암 발생은 38%가 잘못된 식사에서 비롯됩니다. 따라서 건강한 식사만으로도 암을 예방할 수 있습니다. 또한 암의 치료 및 재발 방지에도 식사가 매우 중요합니다.

　하버드대학교 연구진은 8년 이상 2만 6,000명의 그리스 사람들이 섭취한 음식을 조사한 결과, 올리브유와 다른 불포화지방산(특히 오메가-3 지방산)을 더 많이 섭취하는 것이 암 위험을 9%까지 감소시키며, 붉은 육류를 덜 먹는 것과 콩류를 더 많이 먹는 단 두 가지 방법만으로도 암 발생 위험이 12%까지 감소한다고 발표했습니다.

　암과 지중해식 식단과의 상관관계에 관한 많은 연구를 종합한 결과, 이 식단이 대장암, 유방암, 위암, 간암, 두경부암, 담낭암 및 담관암의 사망률 및 위험도를 낮춘다는 것 또한 발견했습니다. 특히 지중해식 식단에 많이 포함되는 생선과 해물류에 오메가-3 지방산이 많은데, 이 성분이 암세포를 죽인다는 연구가 발표된 바도 있습니다.

암은 치료 후 재발 방지를 위해서도 식사 관리가 반드시 필요합니다. 그 중에서도 유방암은 재발률이 높은 암으로 치료 후에도 적절한 체중 유지가 매우 중요합니다. 이를 위해 균형 잡힌 적정량의 식단으로 관리해주어야 합니다. 우리나라 연구에서는 지중해식 식단을 '한국형 지중해식 식단'으로 구현한 메디쏠라 식단을 섭취한 그룹에서 유방암 재발의 위험 요소인 유전자 변이나 체중 증가, 특히 복부비만 방지 효과가 큰 것으로 나타났습니다. 이 식단으로 체중 감소, 허리둘레 감소, 인슐린 저항성 개선 등의 다른 건강 효과도 나타났습니다.

2. 심장질환

심장질환은 국내 사망 원인 2위를 차지하는 만큼 암 다음으로 조심해야 할 질환입니다. 심장병은 심장의 구조나 기능에 이상이 생긴 것으로, 최근 식생활의 서구화와 생활양식의 변화로 급증하는 질환 중 하나죠.

보건복지부 조사 결과, 심장병의 하나인 협심증과 심근경색의 유병률이 최근 1.4배 이상 증가했습니다. 심장질환은 일단 발병하면 병원에 도착하기 전에 사망하는 조기 사망률이 30%에 이를 만큼 치명적이므로 조기 진단과 철저한 관리로 돌연사를 예방하는 것이 최선의 방법입니다. 그러기 위해서는 생활습관의 변화가 필요합니다. 미국 텍사스A&M대학교의 브래들리 존스턴 교수팀이 의학저널 『브리티시 메디컬 저널(BMJ)』에서 일곱 종류의 식단을 주제로 한 40건의 연구 논문을 분석한 결과, 지중해식 식단이 심혈관질환 환자의 발생을 줄이는 데 가장 효과적이라는 결과를 발표했습니다.

3. 당뇨병

당뇨병은 유전적 요인 외에도 비만이 주요 원인으로 발병합니다. 당뇨병 치료를 위해 식사 관리는 필수입니다. 미국당뇨병협회(ADA)에서는 당뇨병을 막기 위해 지중해 식단을 먹도록 권장했습니다.

호세 풀리도(Jose Pulido) 스페인 마드리드국립대 공중보건학과 교수팀은 당뇨병 전 단계인 성인 1,184명을 추적·관찰한 결과 지중해식 식단을 잘 준수한 그룹이 그렇지 않은 그룹에 비해 당뇨병으로의 전환율이 50%나 낮았다고 보고했습니다. 당뇨병 전 단계에서부터 지중해 식단으로 관리하면 당뇨병 진행을 낮출 수 있다는 뜻입니다. 미국 '스탠퍼드예방연구센터(Stanford Prevention Research Center)' 크리스토퍼 가드너(Christopher Gardner) 교수팀은 당뇨병 환자가 지중해 식단으로 12주간 관리한 결과, 당화혈색소가 7~9% 감소했으며 혈당 수치와 LDL 콜레스테롤 수치 등도 함께 줄어들었다고 보고했습니다. 지중해식 식단의 당뇨병 개선 효과는 통곡류 탄수화물 식품과 채소류의 섬유소 효과 및 요리에 설탕을 사용하지 않고 자연 그대로 먹는 요리법에 따른 것으로 보입니다.

4. 고혈압

WHO가 전 세계 사망위험 요인을 평가한 결과, 고혈압이 20%로 1위를 차지했습니다. 이는 흡연이나 비만보다도 기여도가 높은 것입니다. 고혈압은 제때 치료하지 않으면 뇌졸중, 심장질환, 신장질환 등 혈관과 관련한 합병증이 발생하므로 평소에 정상수치로 관리해야 합니다.

고혈압과 관련된 주요 영양소는 나트륨입니다. WHO는 고혈압을 관리하기 위해 나트륨을 일일 2000mg(소금으로 5g) 이하로 섭취하기를 권고합니다. 정상 혈압을 유지하기 위해서는 나트륨은 줄이고 칼륨, 칼슘, 마그네슘 등 다른 미네랄을 적절하게 섭취해야 합니다. 고혈압 관리에서 주목받는 식사법은 DASH 식사입니다. DASH란 Dietary Approaches to Stop Hypertension의 약자로 이름 그대로 고혈압 방지 식단입니다. 전곡류, 저지방 단백질 및 유제품, 채소, 과일, 견과류의 섭취는 늘리고 포화지방, 염분의 섭취는 줄이는 게 핵심입니다. DASH 식사는 지중해식사와 비슷한 식사법이지만, 지중해식은 소금 대신 허브와 향신료를 많이 사용한다는 차이가 있습니다. 따라서 지중해식 식단의 경우 나트륨 사용이 적고, 생채소나 통곡류에 함유된 칼륨 및 마그네슘 섭취량이 나트륨과 균형을 이뤄 혈압이 관리됩니다.

5. 이상지질혈증

이상지질혈증이란 혈액 중에 콜레스테롤, 중성지방 성분 수치가 정상 범위를 벗어난 상태를 말합니다. 특별한 증상은 없지만, 사망에 이르는 심혈관 및 뇌혈관 질환의 주요 원인이므로 평소 관리가 중요합니다. 세브란스병원 이지원 교수팀이 개발한 '한국형 지중해식 식단'인 메디쏠라 식단을 이상지질혈증 환자 대상으로 검증한 결과, 식단을 섭취한 그룹에서 몸무게가 평균 1.76kg 줄었으며, 복부비만의 지표인 허리둘레도 1.73cm 감소했습니다. 이상지질혈증의 임상 지표인 총 콜레스테롤과 저밀도 지질단백질(LDL) 콜레스테롤, 지방간 지수 모두 유의미하게 감소했습니다. 뿐만아니라 체내 염증 정도를 나타내는 백혈구 수치를 비롯해 공복 혈당, 공복인슐린, 인슐린 저항성 지수 등 대부분의 수치가 줄었습니다.

이러한 효과는 지중해식에 풍부한 오메가3 지방산이 혈액 내 지질 수치를 낮춰주며, 통곡류와 채소에 함유된 식이섬유 덕분에 포만감을 느껴식사량이 줄어들고, 비타민과 항산화제가 과대사로 인한 세포의 산화와동맥경화를 방지하는 데 도움이 되기 때문입니다. 지중해식에 많이 사용하는 올리브유 또한 LDL콜레스테롤 수치를 낮추는 데 효과적입니다.

6. 비만과 다이어트

현대인의 비만 문제는 심각합니다. 식품 가공 산업이 발달하고, 정제 탄수화물, 특히 단순당과 설탕, 가당 음료와 포화지방의 섭취량이 증가함에 따라 현대인들의 섭취 칼로리는 급격히 늘어났지만 활동량은 점점 줄어들었습니다. 이 상태로 나이가 들면서 체중은 더욱 빠르게 증가합니다. 비만은만병의 근원으로 최근 증가하고 있는 대사증후군, 당뇨병, 암, 심혈관질환의 원인입니다. 특히 40대 이후에는 단순히 몸무게를 줄이거나 외모를 가

꾸는 목적이 아니라 건강 차원에서 비만을 관리해야 합니다.

지중해식 식단은 비만에 따라오는 당뇨병, 이상지질혈증, 대사증후군, 지방간을 호전시키고 혈관 기능을 강화해 심혈관질환 관리에 도움이 되는 건강 다이어트 식단입니다. 특히 체중 감량 이후 건강 체중으로 유지하고 요요 현상을 방지하는 것이 중요합니다. 지중해 식단을 섭취하면 90% 이상의 사람들이 요요 현상 없이 오랫동안 건강 체중을 유지하는 것으로 나타났습니다. 이는 질 좋은 단백질이 근육을 유지해주어 기초대사량이 줄어들지 않는 것도 주요 원인일 것으로 보고 있습니다.

7. 면역력 증가

우리 몸이 병원균에 대항해 면역기능을 유지하기 위해서는 양질의 다양한 면역세포들이 많이 만들어져야 합니다. 특히 면역세포들의 주재료는 단백질과 필수지방산입니다. 필수지방산의 경우, 오메가-3 지방산과 오메가-6 지방산의 비율이 중요합니다. 오메가-6 지방산 섭취가 오메가-3 지방산보다 상대적으로 늘어나면 염증 작용이 활성화됩니다. 지중해식 식단의 경우 매끼 오메가-3 지방산이 함유된 생선이나 해물류, 콩류를 섭취함으로써 필수아미노산 및 필수지방산이 꾸준히 공급되어 면역세포가 늘어나는 데 도움이 됩니다. 또한 지중해식 식단의 주재료인 엑스트라버진올리브유는 폴리페놀류가 다량 함유되어 있어 항산화 작용에 도움이 되기도 합니다. 뿐만 아니라 일반식에 비해 섬유소도 두 배 이상 풍부한데요, 섬유소는 장속의 유산균을 늘리고 유해균을 줄여 항염증 작용에 도움이 됩니다.

식품 피라미드로 살펴보는 지중해식

최근에는 미디어와 소셜미디어에서 건강에 관한 정보가 쏟아지고 있습니다. 건강은 두말할 필요도 없이 영양과 연결되어 있다 보니 영양과 음식에 대한 정보 역시 범람하고 있죠. 음식으로 만성질환은 물론 건강까지 관리할 수 있다며 여기저기에서 검증되지 않은 '음식 처방'들을 마구 쏟아냅니다. 대부분 터무니없거나 심지어 위험한 것도 있어서 주의가 필요합니다. 건강을 관리하는 단 하나의 마법 같은 식품은 아직까지 없습니다.

지금까지 밝혀진 인체에 필요한 영양소는 약 40여 종입니다. 이 영양소들은 우리가 먹는 식품에서 공급받습니다. 식품마다 포함된 영양소의 성분과 양은 당연히 다르죠. 개인별 상황이나 상태에 맞게 먹어야 하며, 이를 충족하기 위해 식품 종류별로 정해진 섭취량도 있습니다. 결론적으로 건강식은 인체에 필요한 모든 영양소를 골고루, 적정량 섭취하도록 식품의 종류와 양을 조화롭게 구성한 식사입니다. 지중해식은 이 기준에 가장 잘 맞고 오랜 세월에 걸쳐 과학적으로 유효성이 검증되었으며 지금도 전문가들이 연구를 거듭하고 있는 식사법입니다.

지중해식을 구성하는 다양한 식품들을 간단하고 논리적이며 명확하게 시각적으로 보여주는 방법이 바로 '지중해식의 식품 피라미드'입니다. 지중해식으로 자주 먹어야 하는 식품과 제한해서 먹어야 하는 식품의 양을 피라미드 형태로 구분한 것입니다. 매끼 먹어야 하는 식품으로는 통곡물 식품과 채소류, 콩류, 견과류, 올리브유가 있으며, 두 번째로 자주 먹어야 하는 식품은 단백질 식품과 껍질을 제거한 가금류, 치즈류, 요거트로, 일 단위로 적정량 섭취해야 하며 주 2~3회 이상은 오메가-3 지방산이 풍부한 생선과 해산물을 섭취해야 합니다. 건강에 나쁜 포화지방산이 많은 붉은 육류와 당류는 가급적 적게 먹도록 제일 꼭대기에 배치했습니다. 이 피라 미드는 참고용이므로 개인의 상태, 질환, 상황에 따라 영양사나 전문가에 게 상담받고 실천하는 것이 바람직합니다.

다만 지중해 국가에서 사용하는 지중해식 피라미드를 한국인 식사에 적 용하기에는 한계가 있으므로 이 책의 3파트에는 한국인의 체격 및 식습관 을 고려해 메디쏠라가 개발한 '한국형 지중해식 식단'을 수록했습니다.

주 1회
붉은 육류, 당류

물

주 2회
가금류, 치즈,
달걀, 요거트

적당량의
와인

주 2~3회
생선, 해산물

모든 식사에 포함
과일, 채소, 통곡밀,
올리브오일,
콩, 견과류,
씨앗류, 허브

운동,
즐거운 식사

더하면 좋은 지중해식 라이프

그렇다면 지중해식 식단만으로 건강해지고 모든 질병에서 완벽하게 해방될 수 있을까요? 꼭 그렇지는 않습니다. 지중해식사가 추구하는 궁극적인 목표는 건강하고 활력 있는 일상입니다. 따라서 무엇보다 일상의 균형과 조화가 중요하죠. 지중해식으로 영양의 균형을 잡고, 운동으로 근육을 키워 현대 사회의 스트레스에서 마음의 건강을 지켜내볼까요?

1. 운동하기

현대인의 비만에는 활동량이 적은 것도 한몫합니다. 그래서 운동은 반드시 필요하죠. 운동은 근육량을 유지하거나 증가시켜 기초대사량을 맞춰주기 때문에 적절한 체중 조절에 도움이 됩니다. 운동에는 유산소운동과 근력운동이 있습니다.

유산소운동은 대근육군을 사용해 몸 전체를 움직이며 불필요한 지방을 에너지로 소비시켜 체중 감량에 효과적입니다. 종목으로는 걷기, 러닝, 줄넘기, 사이클링, 계단 오르내리기, 수영, 에어로빅댄스 등이 있습니다.

근력운동은 근력 향상이 목적인 운동으로 근육량과 기초대사량을 증가시켜 총 에너지 소비량을 높이고 복부지방을 줄이는 데 효과가 있습니다. 따라서 대사증후군 및 비만 치료에 효과적입니다. 단, 과하게 운동할 시에는 혈관 저항 및 혈압 상승을 초래할 수 있으므로 고혈압 환자는 주의해야

합니다. 운동 종목은 웨이트트레이닝 및 서킷트레이닝 등이 포함됩니다.

미국심장학회와 미국당뇨병학회는 대사 및 심혈관질환 예방을 위해 유산소운동과 함께 근력운동을 같이 하는 복합 운동을 권유하고 있습니다. 유질환자가 부적절한 방식으로 운동하면 역효과를 일으킬 수 있기 때문에 반드시 전문 지도자의 관리 및 감독이 필요합니다.

하루 100kcal 정도의 운동(몸무게 75~84kg의 사람이 빠른 걸음으로 20분가량 걸을 때 약 146kcal 소모)을 1년 동안 지속하면 1년에 약 5kg의 체중이 감소합니다. 특히 대사증후군과 비만이 동반된 사람은 갑자기 운동 강도를 올리기보다는 운동 시간을 늘리는 것이 더 효과적입니다. 운동은 매일 조금씩이라도 꾸준히 하는 것이 한 번에 몰아서 격하게 하는 것보다 효과가 큽니다. 운동 시간은 일반적으로 30~60분 이상 실시하는 것이 좋습니다.

건강에 좋은 HDL 콜레스테롤은 운동으로 높일 수 있습니다. HDL 콜레스테롤을 증가시키기 위해서는 일주일에 적어도 900kcal 이상 에너지를 소모해야 하는데 이는 유산소운동 120분에 해당합니다. 장기간의 규칙적인 운동은 일반인보다 고혈압 환자의 수축기와 이완기 혈압을 크게 낮추는 것으로 알려져 있습니다. 근력운동은 중성지방과 HDL 콜레스테롤을 낮춰주는 효과를 가지고 있습니다.

일상생활에 지치고 힘들어서 운동할 마음이 나지 않더라도 의도적으로 규칙적인 운동 시간을 확보한다면 불필요한 음식을 먹을 기회를 줄이고 스트레스 지수를 낮추는 일석이조의 효과를 얻을 수 있습니다.

2. 스트레스 관리하기

의식주에만 집중했던 과거와 비교하면 현대인들은 복잡한 일상을 살고 있습니다. 경제 문제, 과다한 업무, 빡빡한 직장생활, 자녀 양육, 복잡한 인간관계 등이 만성 스트레스의 원인이죠. 이러한 스트레스를 폭음과 폭식으로 해결하다 보면 건강의 악순환이 이어집니다.

스트레스는 우리 몸이 신체적·정신적 극한 상황에 대처하도록 도와주는 일종의 신체 반응, 또는 '투쟁 및 도주 반응'입니다. 우리 몸은 위험하고 긴장된 상황이라고 인식하면 아드레날린과 부신피질자극호르몬 방출호르몬이라는 두 가지 스트레스 호르몬을 분비합니다. 이 호르몬들은 신체적·정신적 위험에 대비해 면역 시스템을 가동시키고, 근육이 활동 태세를 갖추게 하며 심장박동, 호흡, 혈압을 상승시킵니다. 이러한 위험 상황이 지나가면 몸은 정상 상태로 돌아갑니다.

스트레스 반응들은 영구적이거나 장기적으로 유지되는 것이 아닙니다. 그러나 일상에서 스트레스가 만연한 현대인들은 스트레스 호르몬이 만성적으로 높게 나타나고, 이로 인해 몸속에 일어나는 유기적 변화는 뒤죽박죽이 됩니다. 스트레스를 줄일 수 없다면 이를 다스려 정신과 마음, 신체의 균형과 조화를 이루는 방법들을 익히고 실천해봅시다. 우선 스트레스를 자각하고 어떤 상황이 스트레스를 유발하는지 살펴보며 이에 대한 나의 반응을 객관적으로 관찰해 자신만의 스트레스 해소법을 익히고 실행합니다. 필요하다면 전문가의 도움을 적극적으로 받는 것도 좋습니다.

스트레스를 다스리는 좋은 방법으로는 친구들과 수다 떨기, 하루 5~10

분 명상하기, 햇볕을 쬐며 산책하기, 운동하기, 주변 사람에게 마음을 털어
놓기, 글쓰기, 혼자서 휴식하기, 여행하기 등 다양한 방법이 있으니 하나씩
실천하면서 자신만의 스트레스 관리법을 만들어봅시다.

3. 가정식 먹기

조지아공중보건협회의 발표에 따르면 집에서 직접 요리해 먹는 사람들이
칼로리 섭취가 더 적을 뿐 아니라 영양소의 균형을 잘 유지하고 요리를 통

한 스트레스 해소 효과가 있었다고 합니다. 요리를 너무 어렵게 생각하지 않는 것이 무엇보다 중요합니다. 특히 지중해식 요리법은 원재료의 맛을 살리는 것이 가장 큰 특징입니다. 따라서 되도록 제철에 나는 건강하고 신선한 식재료를 구입해 요리를 시도해봅시다. 생선이나 채소류는 제철 식재료가 맛도 있고 영양소도 풍부합니다. 곡물류로는 통밀 시리얼, 귀리, 현미를 이용합니다. 지역의 로컬푸드를 이용하는 것도 좋습니다.

양념류로는 설탕이나 소금보다는 허브나 식재료 고유의 맛을 활용해보세요. 지중해식 요리에서는 조리법으로 찌기, 굽기, 데치기, 샐러드 형태 등이 권장됩니다. 특히 지중해식의 핵심 식재료의 하나인 올리브유는 엑스트라버진올리브유로 사용합니다. 엑스트라버진올리브유는 발연점이 낮기 때문에 튀김 요리보다는 샐러드드레싱으로 사용하는 것이 좋습니다.

반면 발연점이 높은 식물성 기름을 사용하는 튀김이나 부침 요리법은 자주 하지 않는 것이 좋습니다. 한식처럼 여러 종류의 찬을 각각 만들기보다는 필요한 식재료를 먹을 만큼만 한 접시에 담은 다음 올리브유를 베이스로 한 드레싱으로 맛을 내 음미하는 재미 또한 지중해식 라이프의 묘미입니다. 직접 요리하면서 건강을 회복하고 아울러 스트레스 해소, 경제적인 이익까지 일석삼조의 효과를 누려보세요.

지중해식사에서 주의할 점

1. 체중에 맞는 적절한 식사량 유지하기

지중해식 식단에 사용되는 식품을 무조건 많이 먹는다고 좋은 것은 아닙니다. 자신의 건강 체중을 유지하는 정도로 식사량을 제한해야 합니다. 그럼 먼저 건강 체중 계산법을 알아봅시다.

[표1] 건강 체중 산출 방법

남성	여성
키(m)×키(m)×22	키(m)×키(m)×21

※ 계산 값에서 90~110% 범위에 있으면 건강 체중 범위

　　다음으로 체질량 지수(BMI, Body Mass Index)를 알아봅시다. 수식에 맞게 계산한 수치를 오른쪽 표와 비교해 판단합니다.

[표2] 체질량 지수 계산법 및 체중 판단 기준표

BMI 계산법	분류	BMI(kg/m²)
체중(kg)/신장(m)×신장(m)	저체중	<18.5
	정상	18.5~22.9
	위험체중	23~24.9
	1단계 비만	25~29.9
	2단계 비만	≥30

정상 체중 범위 밖에 있는 경우, 체중 관리에 '주의'가 필요합니다. 저체중이면 건강 체중 범위 내로 체중을 늘려야 하고, 과체중 이상이면 체중을 정상 범위 내로 줄여야 합니다. 따라서 매일 체중을 체크하면서 체중이 지속적으로 증가할 경우, 식사량을 줄여야 합니다. 이때는 우선 탄수화물 식품의 섭취량부터 줄이는 것이 좋습니다.

2. 적절한 음주량 지키기

지중해식 식단을 생각하면 와인을 함께 떠올리는 사람이 많습니다. 와인을 식사에 반드시 곁들여야 하는지 궁금해하기도 하는데, 답변은 '그렇지 않다'입니다. 와인도 알코올의 일종입니다. 알코올 섭취 관점에서 설명해 보면, 알코올은 1g당 열량이 7kcal의 생각보다 많은 에너지를 낼 뿐 아니라 체내에서 지방의 산화를 방해해 비만에 이르게 합니다. 특히 복부지방 축적의 위험인자로 복부비만의 원인이 됩니다. 함께 먹는 안주에 따라 에너지 섭취도 영향을 받습니다. 따라서 대사적 건강 위험이 있거나 비만인 사람은 비만 치료를 위해 알코올 섭취를 줄여야 합니다.

적정 음주량은 남자 1일 표준 2잔, 여자 및 노인은 표준 1잔이고, 표준 1잔의 정의는 국가에 따라 알코올 10~15g까지 다양하지만, 우리나라의 기준은 14g입니다. 이 기준으로 와인을 마신다면 여성은 1잔(120ml, 84kcal), 남성은 2잔(240ml, 168 kcal)이 적정 음주량입니다. 여기에 같이 마시는 사람들과 '즐겁고 유쾌한 대화'를 안주 삼아 천천히 맛을 음미하며 마시는 방식이 건강한 지중해식 와인 음용법입니다.

3. 포화지방산, 당류가 포함된 음식류 섭취 줄이기

지중해식 식단으로 건강을 유지하기 위해서는 건강에 나쁜 포화지방산, 당류, 트랜스지방산이 함유된 식품의 섭취도 동시에 줄여야 합니다. 즉, 건강에 필요한 영양소를 섭취하는 동시에 건강에 좋지 않은 식품 섭취를 줄여야 건강한 상태가 될 수 있습니다.

포화지방산은 주로 등심, 안심, 갈비, 삼겹살 등 붉은 육류에 포함되며, 버터, 라드(돼지기름) 등에도 들어 있습니다. 지중해식에서도 포화지방산이 많은 육류나 버터의 섭취를 일주일에 1~2회로 제한하고 있으며, 특히 붉은 고기는 주에 300g 이하만 섭취해야 합니다.

당류는 음식을 만들 때 원재료에 들어 있는 당분 이외에 맛을 내기 위해 추가하는 당으로 설탕이나 시럽, 액상과당 등입니다. 식품의약품안전처는 가공식품에 들어 있는 첨가당 섭취 권장량을 하루 50g 이하로 권고하고 있습니다. 이는 각설탕 15개, 티스푼으로 약 12숟갈에 해당합니다. 특히 특수의료용도 식품인 당뇨식은 당 성분이 전체 칼로리의 10% 이내여야 합니다. 미국심장협회(AHA)는 첨가당을 여성은 하루 25g, 남성은 36g 이상 먹지 않도록 권고하고 있으며, WHO도 2000kcal 기준 25g으로 제한했습니다. 당 섭취의 절반 이상은 음료수인데요, 특히 콜라, 오렌지주스, 초코우유, 에너지 드링크 등에 많은 양의 당이 들어 있으므로 주의해야 합니다.

설탕 외에 과일을 먹을 때도 단순당의 과량 섭취에 주의해야 합니다. 과일은 당도가 높을수록 당 함량이 많습니다. 과일의 단맛을 측정하는 단위인 브릭스는 100g당 당도를 나타내는데, 3브릭스는 각설탕 1개의 당분에 해당합니다. 예를 들어, '오늘 포도 당도 15브릭스'라고 적혀 있으면 포도 100g을 먹었을 때 각설탕 약 5개를 먹은 것과 비슷하다는 뜻입니다. 체중 조절이나 질환 관리를 위해 지중해식사를 하는 경우에는 과일도 조심해서 섭취해야 합니다.

마지막으로 트랜스지방산 섭취입니다. WHO에서는 트랜스지방(산)을 하루 섭취하는 열량의 1% 이내로 섭취할 것을 권고하고 있습니다. 예를 들어, 1일 섭취 열량이 2000kcal인 경우, 트랜스지방은 2.2g 이하로 먹어야 합니다. 트랜스지방의 과다 섭취는 이상지질혈증, 동맥경화 등의 심혈관질환, 심부전, 당뇨병, 각종 암의 위험을 높이고 불임과도 연관이 있다고 알려져 있습니다. 트랜스지방이 섭취 칼로리의 2%로만 증가해도 심장질환이 23% 증가한다고 합니다. 또한 지중해식을 실천할 때는 간식으로 과자나 빵, 케이크류의 섭취를 줄이는 것이 좋습니다.

[표3] 지중해식 식단에서 되도록 피해야 하는 식품류

식품군	식품 종류
곡류군	백미, 흰 파스타, 흰 빵, 떡, 와플, 토스트, 케이크, 비스킷.
채소류	설탕이나 소금 사용이 많은 절임류, 장아찌류 등.
과일류	가당한 과일주스.
유제품류	가공 우유, 치즈.
어육류	가공육 - 햄, 소시지.
견과류	없음. 단, 체중에 따라 적정량 섭취.
지방류	버터, 마가린, 트랜스지방, 쇼트닝, 라드, 코코넛오일.
당류	설탕, 액상과당, 설탕이나 액상과당이 함유된 모든 간식, 단 음료수, 과일 과잉 섭취.

건강을 위해서는 현대인의 라이프 스타일과 식습관에 알맞은 식단이 개발되어야 합니다. 따라서 지중해식 식사의 영양 밸런스와 한국인의 전통 식문화 및 식재료를 접목한 '한국형 지중해식 식단'이 필요합니다. 그 특징이 무엇인지 살펴볼까요?

Part · 2

한국형 지중해식 식단,
어떻게 다를까?

한국형 지중해식 식단이란?

최근 들어 우리나라에서도 비만, 당뇨병, 고지혈증, 고혈압 등 대사질환자가 빠르게 늘어나고 있습니다. 대사질환은 식습관 및 영양과 관련되므로 건강을 위해서는 현대인의 라이프 스타일과 식습관에 알맞은 식단이 개발되어야 합니다. 메디쏠라에서는 이에 맞는 건강 식단을 검토하며 지중해식이 다양한 질환으로부터 건강을 회복하는 데 도움이 되며 세계적으로 많은 의료진과 영양전문가에 의해 연구되는 과학적 근거가 확보된 유일한 건강 식단임을 알게 되었습니다. 이에 따라 지중해식, 그중에서도 한국인의 전통 식문화 및 식재료와 접목한 '한국형 지중해식 식단'을 개발했습니다. 이 책에는 메디쏠라에서 개발한 한국형 지중해식 식단을 고루 담았는데, 그 특징은 다음과 같습니다.

1. 탄수화물, 단백질, 지방의 최적 섭취 비율

세브란스병원 가정의학과 이지원 교수 연구팀은 국민건강영양조사 자료를 분석해 우리나라 성인의 평균 영양소 섭취 비율을 조사했습니다. 그 결과 탄수화물 약 67%, 지방 약 17%, 단백질 약 14%이며, 사망률을 낮추는 영양소 비율은 탄수화물 50~60%, 단백질 20~30%, 지방 30~40%라고 발표했습니다. 결론적으로 현대인들의 건강한 식단을 위해서는 지금보다 탄수화물 양은 더 적게, 지방과 단백질 양은 더 많이 섭취해야 합니다. 이 연구를 근거로 한국형 지중해식의 탄수화물, 단백질, 지방의 섭취 비율을

50:20:30으로 정했습니다. 이 책에서는 이 비율에 맞는 새로운 레시피만을 엄선해 넣었습니다.

2. 필수지방산의 이상적인 섭취 비율

세포막과 뇌세포 생성의 재료가 되는 필수지방산은 오메가-3 지방산과 오메가-6 지방산입니다. 이 두 지방산은 체내에서 합성되지 않으며 반드시 음식으로만 섭취해야 합니다. 최근 연구에 따르면 오메가-6 지방산이 오메가-3 지방산보다 지나치게 많으면 체내에서 세포 산화·만성 염증 유발 등 건강에 문제가 생길 우려가 있다고 밝혔습니다. 이를 방지하기 위해서 섭취하는 오메가-3 지방산과 오메가-6 지방산의 비율은 1:1이 가장 이상적입니다. 그러나 현대인의 식사에서 이 비율을 유지하기란 현실적으로 어렵습니다. 따라서 해외에서는 1:8 이하로 조절하도록 권고하고 있습니다.

가공식품을 많이 먹는 현대인은 오메가-3 지방산보다 오메가-6 지방산의 섭취량이 훨씬 많습니다. 오메가-3 지방산을 함유하고 있는 식품이 적은 데다 산패가 빠르다는 단점이 있어 식품 가공 과정에서 대부분 제거되기 때문입니다. 이를 충분히 섭취하기 위해서는 등푸른생선류(삼치, 꽁치, 연어, 임연수어, 고등어, 정어리 등)와 들기름, 호두, 들깨를 매일 식사에 포함해야 합니다. 반대로 오메가-6 지방산이 많이 함유된 참기름, 옥수수유, 콩기름 등은 섭취량과 섭취 빈도를 줄여야 합니다. 특히 이를 이용한 튀김과 부침 요리는 되도록 피하는 것이 좋습니다. 한편 지중해식의 꽃으로 알려진 엑스트라버진올리브유에는 체내에서도 일부 합성되는 오메가-9이 풍부합니다. 이는 필수지방산은 아니지만, 이를 통해 오메가-6 지방산의 섭취를 줄이는 효과를 얻을 수 있습니다. 오메가-6 지방산은 발연점이 낮아 튀김이나 부침보다는 샐러드 드레싱으로 사용합니다.

3. 매끼 단백질 식품 포함

한국형 지중해식을 먹을 때도 건강을 고려해 단백질을 효율적으로 섭취해야 합니다. 건강을 위해서는 동물성 단백질과 식물성 단백질을 50:50의 비율로 섭취하는 것이 가장 이상적입니다. 동물성 단백질 식품 가운데서 포화지방산이 많은 햄이나 소시지 등 육가공품은 되도록 피해야 하며, 갈비, 등심, 안심 부위는 섭취량과 사용 빈도를 줄여야 합니다. 식물성 단백질 식품으로는 두부, 비지, 콩류를 하루에 한 번 정도 먹는 게 좋습니다.

4. 탄수화물은 통곡류 식품으로 섭취

우리나라 식단의 주식인 탄수화물을 섭취할 때는 도정된 백미나 밀가루보다는 보리, 귀리, 현미 등 잡곡류와 현미, 퀴노아 등 통곡류 식품으로 구성하되 기존보다 먹는 양을 줄여야 합니다. 떡이나 빵, 쿠키, 케이크 등 탄수화물 간식류와 단 음료의 섭취도 줄이도록 합니다. 매끼 다양한 종류와 색의 채소를 140g 이상 먹고 김치나 장아찌보다는 살짝 데쳐 들기름에 무친 나물이나 샐러드를 먹도록 합니다.

5. 식재료 본연의 맛을 살릴 것

조미료는 되도록 사용하지 않습니다. 특히 설탕 등 당류와 염분의 사용량을 줄입니다. 한식은 밥 위주로 식사하기 때문에 짜거나 달거나 매운 맛의 찬이 필요합니다. 이러한 자극적인 음식은 밥의 섭취량을 늘리고, 나트륨이나 당 함량도 높여 건강에 좋지 않은 영양소를 섭취하게 하는 원인이 됩니다. 한국형 지중해식은 엑스트라버진올리브유, 들기름 등 불포화지방을 사용해 식재료 고유의 맛과 풍미를 높이면서 영양소를 건강하게 섭취하는 데 효과적인 식사법입니다.

[표] 한국형 지중해식 식단의 영양 포인트

영양소	포인트
탄수화물	• 활동량에 따라 섭취량 감소(열량의 45~50%). • 전곡류로 섬유소, 비타민, 무기질을 함께 섭취. • 섬유질 섭취로 포만감 증대, 영양 성분 체내 흡수 속도 조절, 장내 유익균 증가. • 당질류 섭취 감소.
단백질	• 매끼 적정량(20~25g)으로 공급. • 필수아미노산과 불포화지방산의 함유량이 높은 단백질 식품 선택. - 등푸른생선류, 해산물류 등. • 동물성 단백질과 식물성 단백질의 이상적인 비율 50:50 섭취.

지방	• 포화지방산 함유량이 높은 식품 제한.
	  - 육가공품, 버터, 마가린, 트랜스지방, 쇼트닝 등.
	  - 붉은 고기는 주당 300g 이내로 제한.
	• 오메가-3 지방산과 오메가-6 지방산의 섭취 비율 조절.
	  - 1:4~8(우리나라 현황 1:10~15)
	• 불포화지방산의 섭취 증가: 엑스트라버진올리브유 등.

비타민/ 미네랄	• 다양한 채소류의 사용으로 비타민과 미네랄 섭취 증가. • 엑스트라버진올리브유 사용으로 지용성 비타민과 미네랄 흡수 증가.

하루에 한 끼라도
지중해식 밸런스에 맞게

한국형 지중해식 식단은 현대사회에서 우리 몸에 필요한 영양 밸런스를 맞춰주는 식사 형태이므로 무엇보다 실천이 중요합니다. 그러나 막상 실천하려면 어디에서부터 시작해야 할지 막막할 수 있습니다.

이럴 때는 하루 한 끼부터 지중해식의 영양 밸런스를 맞춘 식사를 시작해보는 것이 좋습니다. 가장 먼저 필요한 것은 저울입니다. 지중해식 식단의 핵심은 영양 밸런스이므로 되도록 제시된 양을 정확하게 계량해 먹는 것이 좋습니다.

탄수화물 식품으로 밥을 먹는다면 여성은 140g, 남성은 210g 정도가 적당합니다. 흰밥보다는 보리밥, 잡곡밥이 더 좋습니다. 감자, 고구마 같은 작물이나 빵과 같은 밀가루 음식도 먹을 수 있습니다. 단, 양은 조절해야 합니다.

단백질 식품 역시 두부류, 달걀, 생선류, 닭가슴살, 해물류 등 어느 것이든 가능합니다. 고기 40~80g, 두부 80g, 생선 50~100g, 달걀 1개 가운데 1~2종류를 선택해 식단을 구성합니다. 소고기나 돼지고기는 되도록 기름기 없는 부위로 고릅니다.

채소류는 다양한 색과 종류(매끼 3종 이상)로 140g 정도 먹는 것이 적절하나 그 이상 먹어도 무방합니다. 버섯류나 해조류를 포함하면 더 좋습니다. 단, 염분이 높은 김치류나 장아찌류보다는 신선한 상태인 샐러드나 생채소를 먹는 것이 영양소 섭취에 효과적입니다.

마지막으로 요리에 사용되는 기름의 종류와 양을 조절해야 합니다. 가급적 들기름과 엑스트라버진올리브유를 기본으로 하되 1~2스푼 정도가 적당하며, 식물성 기름과 버터는 사용량을 줄이는 것이 좋습니다.

이렇게 구성하면 한 끼에 쉽게 지중해식 영양 밸런스를 유지할 수 있습니다. 처음에는 한 끼만 이렇게 먹어보면서 몸의 컨디션이나 다른 끼니의 식습관이 어떻게 변화하는지 살펴봅시다. 아마도 포만감이 오래가면서 당분이 높은 간식에 대한 유혹도 사라질 거예요. 부족한 영양소는 간식으로 보충하는 것이 좋습니다. 우유 1잔으로 부족한 칼슘을, 호두 10g으로 오메가3 지방산을, 과일 1~2회 분량으로 비타민을 보충하면 지중해식사에 필요한 영양 밸런스 가운데 50%는 충족됩니다.

아침을 지중해식 식단으로 먹는다면, 이 책에서 샐러드(p.59)와 수프(p.81) 파트를 참고하는 것이 좋습니다. 가벼운 채소 위주의 식단으로 포만감을 채우고 아침을 시작한다면, 하루를 가볍게 보낼 수 있습니다. 수프는 전날 미리 한 냄비를 끓여두면 필요한 만큼 덜어서 먹을 수 있으니 바쁜 아침에 간편할 뿐 아니라 속을 따뜻하게 만들어주어 좋습니다.

점심이나 저녁을 지중해식으로 먹는다면, 이 책의 한 그릇 요리(p.97) 부분을 추천합니다. 밀프렙식으로 몇 끼 분량을 만든 다음 밀폐용기에 담아 냉동실에 넣어두면 좀 더 편하게 먹을 수 있습니다. 점심 식사용 도시락으로도 적합해 점심 값까지 아껴주니 가정 경제에도 도움이 되겠네요.

한국형 지중해식 기본 하루 식단

앞에서 설명한 대로 한 끼를 제대로 지중해식으로 먹다 보면 입맛도 변하고 먹는 양도 일정해집니다. 이제 좀 더 용기를 내 하루 식단을 한국형 지중해식으로 구성해봅시다.

아침 식사는 한 끼로 가볍게 먹을 수 있는 샐러드와 생과일주스를 추천합니다. 10시쯤 출출해지면 칼슘 공급을 위해 우유 한 잔을 마십니다. 유당불내증이 있다면 락토프리 우유나 칼슘 강화 두유로 대체해도 좋습니다.

점심은 간단하지만 든든한 일품요리를 먹습니다. 기름기 없는 닭가슴살로 단백질을 채우고, 양파와 피망 등 채소를 가득 넣은 덮밥류를 추천합니다. 양이 부족하다면 채소 샐러드를 곁들입니다.

저녁에는 한식으로 지중해식 식단을 즐겨봅시다. 현미밥, 쑥들깻국, 돼지고기두반장볶음, 깻잎나물, 백김치의 조합으로 탄:단:지를 50:20:30의 영양 비율로 맞출 수 있습니다.

3파트에서 소개하는 메뉴로 상황에 따라 하루 식단을 구성하면, 어느덧 지중해식 식습관으로 건강하게 바뀐 식탁을 확인할 수 있을 것입니다.

[표] 지중해식 식단 예시

아침	간식	점심	간식	저녁
퀴노아샐러드 (p.76) 생과일주스	우유 1컵	닭가슴살치즈 덮밥(p.112)	호두 2알 사과 80g	현미밥 쑥들깻국 돼지고기두반장볶음 깻잎나물 백김치 (p.124)
474kcal	125kcal	492kcal	100kcal	565kcal

지중해식 식단 필수 재료

이제 한국형 지중해식을 지속할 수 있는 용기가 생겼다면, 언제든지 지중해식으로 식단을 만들어 먹도록 냉장고에 식재료를 갖추어봅시다.

엑스트라버진올리브유(EVOO) 전통적인 지중해식사에 반드시 포함되는 식재료입니다. 올리브 열매를 직접 압착해 짜낸 기름인 엑스트라버진올리브유는 폴리페놀을 비롯한 다양한 수용성 물질이 그대로 유지되어 건강에 좋습니다. 발연점이 낮아 튀김용보다는 샐러드드레싱처럼 그대로 사용하는 것이 좋으며 발사믹 식초와도 잘 어울립니다.

통곡류 귀리, 호밀빵, 퀴노아 등은 전통적인 지중해식사에서 빠질 수 없는 식품입니다. 통곡류 식품은 정제되지 않은 상태의 자연 식품으로 혈당지수(GI, glycemic index)가 낮으며 섬유소, 미네랄, 비타민류가 풍부합니다. 우리나라 식품으로는 현미밥, 잡곡밥, 보리밥 등도 포함됩니다.

견과류 대부분의 견과류는 불포화지방산 중 오메가-6 지방산이 많지만, 호두만은 오메가-3 지방산이 풍부합니다. 하루에 1회분으로는 10g(2개) 정도가 적절하며, 호두와 다른 견과류를 1:1로 섞어 먹는 것도 좋습니다.

콩류 밭의 고기로 알려진 콩은 질 좋은 식물성 단백질 식품입니다. 단, 부족한 필수아미노산 성분이 있어서 다른 곡류와 같이 먹는 것이 좋습니다. 콩류 음식에는 두부, 순두부, 비지, 콩국수 등도 포함됩니다.

생선과 해산물 생선과 해산물에는 단백질 외에 불포화지방산인 오메가3 지방산이 풍부합니다. 또한 아연, 요오드, 셀레늄, 비타민 B군, 칼슘, 마그네슘 등의 비타민과 미량영양소가 다수 함유되어 있습니다. 고등어, 삼치, 꽁치, 임연수어, 연어를 미리 1회 분량(50~100g)으로 손질해 냉동고에 보관해두고 주 3회 이상 먹으면 오메가3 지방산과 동물성 단백질을 충분히 섭취할 수 있습니다. 단, 오메가3 지방산은 산패하기 쉬우므로 너무 오래 보관하지 않아야 합니다.

달걀과 유제품 달걀은 일상에서 손쉽게 먹을 수 있는 질 좋은 단백질 급원입니다. 특히 바쁜 아침 식사를 대신하기에 좋죠. 우유는 단백질뿐 아니라 칼슘 급원으로(200ml당 200mg) 가장 우수한 식품입니다. 하루에 1~2잔이면 충분하지만 한국인은 유당불내증이 있는 사람이 많아 우유 섭취가 어려울 수 있습니다. 이럴 때는 두유로 대체하거나 발효유인 요구르트를 먹는 것이 좋습니다.

다양한 색의 채소 다양한 색의 채소는 지중해식의 핵심 재료입니다. 그중에서도 좋은 채소를 나열하자면 황색 채소로는 토마토, 당근, 고추, 피망, 브로콜리, 단호박 등이, 하얀 채소로는 양배추, 양파, 콜리플라워, 콩나물, 숙주, 마늘, 무 등이, 마지막으로 가장 많은 비율을 차지하는 녹색 채소로는 시금치, 오이, 고추, 양상추, 피망, 아스파라거스, 샐러리, 케일, 상추, 호박, 아욱, 근대 등이 있습니다. 가급적 제철 채소류를 이용하는 것이 좋으며 팽이버섯, 표고버섯, 능이버섯, 송이버섯 등 버섯류와 미역, 톳나물, 김 등 해조류도 활용하면 식탁이 훨씬 풍성해집니다.

지중해식 식단에서 가장 기본은 탄단지 밸런스를
맞추는 거예요. 탄수화물과 단백질, 지방의 비율
이 5:2:3일 때가 가장 알맞죠. 지금부터는 영양소
가 고루 갖춰져 있고 무기질까지 보충한 82가지
요리를 소개할 거예요. 한 그릇 요리부터 한식 한
상 차림까지 우리 집 식탁으로 들어온 지중해식
식단을 만나보세요.

Part · 3

완벽 영양 밸런스
지중해식 레시피

SALAD

:

하루의 비타민을 상큼하게 채워주는
샐러드

HERB CHICKEN CORN SALAD

허브치킨콘샐러드

닭가슴살을 넣어 단백질 함량을 높이고 옥수수알을 넣어 톡톡 씹는 맛을 살린 샐러드예요. 화이트와인비네거를 넣어주면 새큼한 맛이 살아나서 입맛을 더욱 돋워주죠. 다이어트식으로도 좋은 건강 샐러드예요.

재료(1인분)

닭가슴살 60g, 고구마 80g(중 1/3개), 옥수수 50g, 양상추 50g, 바질 30g,
올리브유 10g(2작은술), 화이트와인비네거 8g

만드는 법

1 팬을 달구고 올리브유를 두른 다음 닭가슴살을 올려 익힌다. 다 익으면 꺼내두었다가
  식으면 2cm 두께로 썬다.

2 옥수수를 팬에 굽고 옥수수알 부분만 적당한 크기로 썰어둔다.

3 고구마는 2×2cm 크기로 깍둑 썬 후 끓는 물에 넣어 10분간 익힌다.

4 양상추와 바질은 한입 크기로 자른다.

5 접시에 양상추, 바질, 옥수수, 닭가슴살, 고구마를 담은 뒤 올리브유와 화이트와인비
  네거를 섞은 드레싱을 뿌려 완성한다.

SMOKED-DUCK SALAD

훈제오리샐러드

오리고기는 불포화지방산을 많이 함유하고 있어 콜레스테롤 수치를 낮춰주고 혈액순환을 원활하게 하는 데 도움을 줍니다. 훈제로 먹으면 굽는 것보다 칼로리를 낮출 수 있어요. 포만감 있는 스태미너식 샐러드를 원할 때 훈제오리샐러드를 만들어보면 어떨까요?

단백질
23g
22.4%

탄수화물
39g
38.0%

열량
406kcal

지방
18g
39.6%

재료(1인분)

훈제오리 70g, 강낭콩 50g, 로메인상추 30g, 양상추 50g, 적양파 20g(중 1/6개), 올리브유 3g(1/2작은술), 땅콩버터 5g(1작은술), 겨자가루 약간

만드는 법

1 강낭콩은 씻은 후 12시간 동안 물에 불린 후, 냄비에 물을 담아 끓이다가 강낭콩을 넣고 뚜껑을 닫아 25분간 삶는다.

2 훈제오리는 0.8~1cm 두께로 썬다.

3 적양파는 0.3cm로 가늘게 채 썬다.

4 로메인상추, 양상추는 한입 크기로 자른다.

5 올리브유, 땅콩버터, 겨자가루를 잘 섞어 드레싱을 만든다.

6 접시에 로메인상추, 양상추, 적양파를 담고 그 위에 강낭콩, 훈제오리를 올린 다음 드레싱을 뿌려 완성한다.

SWEET POTATO CHEESE SALAD

고구마레지아노치즈샐러드

피자 위에 올라가는 모차렐라치즈를 요즘에는 볼 형태
로 먹기 쉽게 만들어 샐러드에 자주 곁들이죠. 치즈의
고소한 맛과 잘 어울리는 요거트드레싱을 뿌리면 남녀
노소 누구나 좋아할 만한 치즈샐러드가 간단하게 완성
된답니다.

(재료(1인분))

모차렐라볼치즈 60g, 고구마 70g(중 1/3개), 방울토마토 20g(2개), 건크랜베리 20g,
로메인상추 30g, 양상추 50g, 바질 20g, 호두 5g(1알), 레지아노(고형치즈) 5g
요거트드레싱 플레인요거트 10g(2작은술), 꿀 3g(1/2작은술), 레몬즙 3g(1/2작은술)

(만드는 법)

1 고구마는 2×2cm 크기로 깍둑 썬 후 에어프라이어 190도에서 20분간 익힌다. 방울토
   마토는 반으로 썬다.
2 요거트드레싱 재료를 모두 넣고 섞는다.
3 접시에 모차렐라볼치즈, 고구마, 방울토마토, 크랜베리, 로메인상추, 양상추, 바질, 호
   두를 넣고 요거트드레싱을 뿌려 완성한다.
     * 시판 요거트드레싱 16g(3큰술)으로 대체 가능하다.
4 레지아노를 그라인더에 갈아 뿌려 낸다.

BULGOGI SALAD

불고기샐러드

한국인의 입맛에 딱 맞는 달콤한 불고기샐러드예요. 돼지고기 안심을 써서 지방은 줄이고 단백질 함량은 높였어요. 불고기의 맛과 잘 어우러지는 겨자드레싱을 뿌리고 파인애플과 방울토마토 같은 과일까지 곁들이면 맛이 더 풍부해진답니다.

재료(1인분)

돼지고기 안심 50g, 파인애플 60g, 방울토마토 40g(4개), 로메인상추 30g, 양상추 50g, 바질 20g, 마늘 12g(4쪽), 간장 12g(2.5작은술), 설탕 8g(2작은술), 참기름 6g(1큰술)
겨자드레싱 식초 15g(1큰술), 다진 마늘 3g, 설탕 3g(1작은술), 연겨자 3g, 소금 약간

만드는 법

1 마늘은 잘게 다지고, 파인애플은 한입 크기로 자르고 방울토마토는 반으로 썬다.

2 돼지고기는 4cm 길이로 자른 다음 간장, 설탕, ①의 다진 마늘, 참기름을 넣고 섞어 30분간 재운다.

3 달군 팬에 돼지고기를 익힌 다음 다 익으면 덜어둔다.

4 겨자드레싱 재료를 모두 넣고 섞는다.

    * 시판 겨자드레싱 25g으로 대체 가능하다.

5 접시에 돼지고기, 파인애플, 방울토마토, 로메인상추, 양상추, 바질을 얹고 겨자드레싱을 뿌려 완성한다.

ROAST SALMON SALAD

구운연어샐러드

쿠스쿠스는 지중해 연안 가운데 주로 북아프리카 지역에서 주식으로 먹는 밀로 만든 식품이에요. 찌거나 삶아서 주식으로 먹거나 샐러드에 넣어 밥 대신 먹기도 해요. 우리나라에서도 시중에 파는 제품이 많아 쉽게 구할 수 있어요.

단백질
21g
19.9%

탄수화물
51g
48.2%

열량
429kcal

지방
15g
31.9%

재료(1인분)

쿠스쿠스 70g, 연어 80g, 캔옥수수 30g, 오이 30g, 방울토마토 70g(7개), 호두 4g(1알), 올리브유 9g(2작은술), 레몬즙 5g(1작은술), 소금 약간, 후추 약간, 타임 약간

만드는 법

1 쿠스쿠스에 뜨거운 물을 부어 5분 정도 두어 익힌다.
2 연어는 1.5×1.5cm 크기로 깍둑 썬다.
3 센불에 팬을 달구고 올리브유 1/2을 두른 다음 연어를 노릇노릇하게 굽는다.
4 캔옥수수는 체에 밭쳐 물기를 뺀다.
5 방울토마토는 반으로, 오이는 한입 크기로 자른다. 호두는 손으로 부순다.
6 나머지 올리브유, 레몬즙, 소금, 후추를 넣고 섞어 드레싱을 만든다.
7 접시에 쿠스쿠스, 연어, 옥수수, 오이, 방울토마토, 잘게 부순 호두를 올리고 드레싱을 뿌려 완성한다.

   * 타임을 뿌리면 향이 더 좋아진다.

GRILLED ROMAINE SALAD
그릴드로메인샐러드

고단백 식품인 닭가슴살에 구운 로메인상추를 곁들여 산뜻한 맛과 식감을 즐길 수 있는 치킨셀러드예요. 허브가 풍부하게 들어가 일반 치킨셀러드보다 훨씬 더 다양한 향을 느낄 수 있어요. 여기에 꿀 한 스푼을 첨가하면 달달함까지 채울 수 있답니다.

단백질
21g
21.2%

탄수화물
42g
42.4%

열량
379kcal

지방
16g
36.4%

재료(1인분)

닭가슴살 50g, 통로메인상추 30g, 방울토마토 60g(6개), 강낭콩 30g, 병아리콩 15g,
레몬 20g, 생바질 15g, 올리브유 10g(2작은술), 레몬주스 15g(1큰술), 꿀 7g, 피칸 5g(2개),
레지아노(고형치즈) 약간

만드는 법

1   강낭콩과 병아리콩은 3시간 동안 물에 불린 후 전기밥솥 찜 모드로 찐다.

2   닭가슴살은 물 50g과 함께 전기밥솥 찜 모드로 찐 다음 식으면 0.5cm 두께로 썬다.

3   통로메인상추는 반으로 잘라 단면을 프라이팬에 굽는다.

4   방울토마토는 반으로 자르고, 레몬은 슬라이스한다.

5   뚜껑이 있는 병에 생바질, 올리브유, 레몬주스, 꿀을 넣고 흔들어 드레싱을 만든다.

6   접시에 로메인상추, 닭가슴살, 방울토마토, 강낭콩, 병아리콩, 레몬, 피칸을 올린 다음
     ⑤의 드레싱을 뿌려 완성한다.

     * 마지막에 레지아노를 그라인더에 갈아 뿌려주면 풍미가 더 좋아진다.

FARFALLE PASTA SALAD

파르팔레파스타샐러드

나비 모양인 파르팔레 파스타는 모양도 예쁘지만 한입에 먹을 수 있어 샐러드에 넣기 제격이죠. 시원한 맛을 더해주는 오이와 방울토마토를 넣으면 색다른 냉파스타가 돼요. 여기에 페타치즈까지 올리면 요리의 품격이 올라갑니다.

재료(1인분)

파르팔레 파스타 50g, 새우 70g, 오이 30g, 방울토마토 70g(7개), 적양파 30g(중 1/4개),
페타치즈 20g, 올리브열매 30g, 마른 오레가노 약간, 올리브유 10g(2작은술),
레드와인비네거 9g(2작은술), 꿀 1g, 소금 약간, 후추 약간

만드는 법

1 새우는 끓는 물에 데친 후 껍질을 제거한다.

2 끓는 물에 파르팔레 파스타, 소금을 넣고 10분간 삶는다.

3 오이는 0.5cm 두께로 반달 모양으로 썰고 적양파는 2×2cm로 깍둑 썰고 방울토마토는 반으로 자른다.

4 올리브열매는 0.5cm 두께로 슬라이스한다.

5 볼에 마른 오레가노, 올리브유, 레드와인비네거, 꿀, 소금, 후추를 넣고 섞어 드레싱을 만든다.

6 접시에 파르팔레 파스타, 채소, 새우를 담고 드레싱과 페타치즈를 뿌린 후 섞어서 완성한다.

COBB SALAD

콥샐러드

콥샐러드는 Cobb이라고 하는 셰프가 냉장고에 있는 재료로 만든 서양식 '냉털요리'예요. 재료들을 섞지 않고 접시에 나란히 올리는 게 특징이에요. 냉장고에 있는 재료는 무엇이든 써도 괜찮지만 영양 밸런스를 맞추고 칼로리가 너무 높아지지 않게 주의하세요.

단백질
27g
21.3%

탄수화물
55g
43.3%

열량
501kcal

지방
20g
35.4%

재료(1인분)

호밀빵 25g, 베이컨 20g, 달걀 50g(1개), 닭가슴살 30g, 로메인상추 40g, 아보카도 40g, 적양파 20g, 토마토 120g(소 1개), 오이 30g, 캔옥수수 15g
머스터드드레싱 다진 마늘 2g, 머스터드 8g, 레드와인식초 5g, 우스터소스 2g, 올리브유 5g(1작은술), 소금 약간, 후추 약간

만드는 법

1   베이컨은 바삭바삭해질 때까지 구운 다음 식으면 잘게 자른다.

2   로메인상추는 1cm 두께로 썰고, 아보카도, 토마토, 적양파, 오이, 호밀빵은 한입 크기로 깍둑 썬다. 캔옥수수는 체에 밭쳐 물을 뺀다.

3   달걀은 완숙으로 삶아 반으로 자르고, 닭가슴살은 끓는 물에 익힌 후 식으면 한입 크기로 자른다.

4   접시에 로메인상추를 깔고 위에 베이컨, 옥수수, 아보카도, 토마토, 닭가슴살, 적양파, 호밀빵, 오이를 나란히 배열한 다음, 맨 위에 달걀을 올린다.

5   볼에 올리브유를 제외한 드레싱 재료를 넣어 가볍게 섞고 올리브유를 천천히 부어가며 마저 섞는다.

   * 시판 머스터드드레싱 24g으로 대체 가능하다.

6   샐러드 위에 드레싱을 부어 완성한다.

QUINOA SALAD

퀴노아샐러드

슈퍼푸드인 퀴노아와 병아리콩을 넣어 건강한 맛을 강조한 중동식 샐러드예요. 열량이 높은 편이라 한 접시만으로도 충분히 포만감을 느낄 수 있어요. 마늘드레싱을 넣어 톡 쏘는 맛을 살리면 한국인 입맛에도 딱 맞습니다.

단백질
14g
14.9%

탄수화물
55g
58.7%

열량
367kcal

지방
11g
26.4%

재료(1인분)

퀴노아 45g, 병아리콩(통조림) 50g, 토마토 70g(소 1/2개), 오이 30g, 브로콜리 20g, 적양파 30g, 파슬리 20g
마늘드레싱 올리브유 7g, 발사믹식초 5g(1작은술), 레몬주스 5g(1작은술), 마늘가루 2g

만드는 법

1 냄비에 물 2컵과 퀴노아를 넣고 센불로 끓이다가 물이 끓으면 약불로 바꿔 뚜껑을 닫고 15분 동안 끓이고, 병아리콩은 체에 밭친다.
2 토마토는 한입 크기로 자르고, 오이는 0.5cm 두께로 자른 후 4등분한다. 적양파는 0.5cm 두께로 썬 후 반으로 자르고 브로콜리는 2cm 크기로 자른다.
3 파슬리는 거칠게 다진다.
4 볼에 드레싱 재료를 모두 넣고 섞는다.
5 접시에 퀴노아, 병아리콩, 채소를 섞어 올리고 드레싱을 뿌려 완성한다.

MIXED BEAN SALAD

믹스빈샐러드

탄수화물, 단백질, 지질은 물론 다양한 무기질과 엽산 등 영양소가 풍부한 강낭콩류와 항염증 작용에 좋은 폴리페놀이 풍부한 올리브를 섞은 믹스빈샐러드는 신선한 맛과 함께 영양도 가득한 건강 샐러드예요. 풍미 좋은 치즈와 함께 특별한 날 맛과 영양을 한층 업그레이드한 식탁을 차려낼 수 있어요.

단백질 19g 19.3%
탄수화물 50g 50.9%
열량 381kcal
지방 13g 29.8%

재료(1인분)

흰강낭콩(카넬리니) 30g, 강낭콩(통조림) 20g, 오이 30g, 양파 30g(중 1/4개), 홍피망 20g, 방울토마토 80g(8개), 올리브열매 30g, 파슬리 20g, 오레가노 3g, 올리브유 7g(1.5작은술), 레드와인식초 5g(1작은술), 소금 약간, 후추 약간, 레지아노(고형치즈) 15g

만드는 법

1 흰강낭콩과 강낭콩은 물기를 빼고 헹군다.
2 오이는 0.5cm 두께로 자른 다음 4등분한다.
3 양파, 홍피망은 1×1cm로 깍둑 썰고 방울토마토는 반으로 자른다.
4 파슬리는 거칠게 다진다.
5 볼에 파슬리, 오레가노, 올리브유, 레드와인식초, 소금, 후추를 넣고 섞어 드레싱을 만든다.
6 접시에 샐러드 재료를 모두 담고 드레싱을 뿌린 다음 그라인더에 레지아노를 갈아 뿌린다.
   * 올리브의 고급 품종인 칼라마타올리브를 사용하면 은은한 보랏빛이 돋보여 더욱 멋스러워진다.

SOUP

⋮

따뜻하고 간편한 한 끼

수프

TUSCAN KALE SOUP

투스칸스타일케일수프

이탈리아의 토스카나 지역에서 흔히 먹는 미네스트로네(Minestrone, 이탈리아식 채소 수프)에 비타민과 섬유질, 칼슘이 풍부한 케일을 더해 디톡스 효과가 높은 건강 수프를 만들었어요. 케일은 특유의 쓴맛이 강해 그냥 먹기는 어렵지만 수프로 만들면 훨씬 더 부드러운 맛을 낸답니다.

단백질
19g
17.1%

탄수화물
56g
50.5%

열량
437kcal

지방
16g
32.4%

재료(1인분)

파스타 40g, 토마토 40g, 당근 30g, 양파 50g(중 1/2개), 흰강낭콩(통조림) 20g, 케일잎 20g(2장), 시금치 15g, 소시지 35g, 마늘 3g(1쪽), 크러시드레드페퍼 약간, 치킨육수 200g, 파르메산치즈 조금, 올리브유 4g(1작은술), 허브 소금 약간

만드는 법

1   토마토, 당근, 양파, 케일잎, 시금치, 소시지는 1.5×1.5cm 크기로 썰고 마늘은 편 썬다.
2   센불에 팬을 달구고 올리브유를 두른 다음 소시지를 굽는다.
3   소시지가 노릇하게 익으면 양파, 케일, 시금치, 토마토, 당근, 마늘을 넣고 함께 볶는다.
4   양파와 마늘이 투명해지면 물 2컵을 붓고, 치킨육수, 파르메산치즈, 레드페퍼, 흰강낭콩, 허브 소금을 넣고 20분간 푹 끓인다.
5   냄비에 물 500ml를 붓고 파스타를 8분간 삶은 다음 물을 뺀다.
6   그릇에 익힌 파스타를 깔고 수프를 담아 완성한다.

SPANISH GAZPACHO SOUP

스페인식가스파초

스페인 안달루시아 지역의 전통 음식인 가스파초는 재료를 갈아 시원하게 먹는 게 특징인 독특한 스타일의 수프예요. 만드는 방법이 간단하기 때문에 바쁜 아침에 후다닥 만들어 먹기 좋아요. 달걀과 호밀빵을 곁들이면 영양 만점 아침 식사가 된답니다.

(재료(1인분))

홍파프리카 100g(1/2개), 적양파 20g(중 1/6개), 오이 100g(1/2개), 쪽파 3g, 마늘 2g(1쪽), 할라피뇨 5g, 달걀 1개, 호밀빵 40g, 엑스트라버진올리브유 10g(2작은술), 소금 약간, 후추 약간

(만드는 법)

1 홍파프리카, 적양파, 오이는 한입 크기로 썬다.
2 달걀은 완전히 삶아 반 가른다.
3 달걀, 호밀빵을 제외한 모든 재료를 믹서에 넣고 갈아 가스파초를 만든다.
   * 호밀빵을 같이 갈아 걸쭉하게 만드는 것도 가능하다.
4 그릇에 가스파초를 담고 달걀, 호밀빵을 곁들여 낸다.

SPANISH SEAFOOD SOUP

스페인식해산물수프

오징어와 새우, 홍합을 넣어 시원한 맛을 낸 해산물 수프예요. 화이트와인과 레몬주스가 들어가 제대로 된 스페인식 수프의 맛을 느낄 수 있어요. 바게트 빵을 곁들이면 든든한 한 끼로 손색이 없어요.

탄수화물
45g
48.4%

열량
395kcal

단백질
21g
22.6%

지방
12g
29.0%

재료(1인분)

오징어 30g(몸통 1/5개), 새우 20g, 홍합 30g, 감자 50g(중 1/3개), 양파 50g(중 1/2개), 샐러리 20g, 대파 10g, 레몬 5g, 채소스톡 800g, 토마토소스 50g, 화이트와인 30g(2큰술), 올리브유 10g(2작은술), 파슬리가루 5g, 파프리카파우더 약간, 소금 약간, 후추 약간

만드는 법

1 오징어는 깨끗하게 손질해 몸통을 링 모양으로 썬다.

2 감자, 양파, 샐러리는 1.5×1.5cm 크기로 깍둑 썰고 대파는 잘게 썰고 레몬은 슬라이스한다.

3 센불에 팬을 달구고 올리브유를 두른 다음 양파, 대파를 볶는다.

4 향이 올라오면 해산물을 모두 넣고 함께 볶다가 화이트와인을 뿌려 알코올을 날리고 좀 더 볶는다.

5 해산물이 어느 정도 익으면 감자, 채소스톡, 토마토소스, 파프리카파우더, 소금, 후추를 넣고 끓인다.

6 감자가 다 익으면 샐러리, 레몬을 넣어 잘 섞고 파슬리가루, 파프리카파우더를 뿌려낸다.

    * 바게트빵 40g을 곁들이는 것도 좋다.

SPANISH GARLIC SOUP

스페인식마늘수프

면역력을 높이고 활성산소를 없애주며 노화 방지에 좋은 마늘이 듬뿍 들어간 스페인식 수프예요. 볶은 하몽과 마늘을 수프에 넣어 영양은 챙기고 풍미는 더욱 높였어요. 마지막에 반숙 달걀을 곁들이면 단백질 보충과 함께 부드러운 식감까지 함께 즐길 수 있습니다.

재료(1인분)

하몽 10g, 마늘 10g(3쪽), 치킨육수 300g, 호밀빵 50g, 달걀 1/2개, 올리브유 2.5g(1/2작은술), 파프리카파우더 약간, 드라이타임 약간, 소금 약간, 후추 약간

만드는 법

1 하몽은 잘게 자르고 마늘은 슬라이스한다.
2 팬에 올리브유를 두르고 약불에서 하몽과 마늘을 볶는다.
3 마늘 향이 올라오면 호밀빵을 뜯어 넣고 함께 볶는다.
4 냄비에 치킨육수를 넣고 ③을 넣어 함께 끓이다가 소금, 후추로 간한다.
5 달걀을 반숙으로 삶은 다음 반 갈라 올리고 파프리카파우더, 타임을 올려 마무리한다.

MOROCCAN LENTIL AND VEGETABLE SOUP

모로코식렌틸콩채소수프

렌틸콩은 세계 5대 슈퍼 푸드 중 하나로 소고기보다 단백질 함량이 높지만 칼로리는 상대적으로 낮아요. 다양한 채소를 넣고 렌틸콩과 병아리콩, 퀴노아 등을 함께 푹 끓여낸 모로코식 수프는 오랫동안 포만감을 유지해주는 좋은 다이어트 음식이에요.

탄수화물
53g
53.4%

열량
390kcal

단백질
17g
17.1%

지방
13g
29.5%

재료(1인분)

병아리콩(통조림) 50g, 렌틸콩 35g, 양파 50g(1/2개), 당근 30g(1/7개), 홍피망 30g(1/8개),
청피망 30g(1/8개), 토마토 50g(1/3개), 마늘 10g(3쪽), 채수 800g,
올리브유 10g(2작은술), 칠리파우더 약간, 카레가루 약간, 드라이타임 약간, 소금 약간, 후추 약간,
플레인요거트 10g, 고수 5g

만드는 법

1 양파, 당근, 홍피망, 청피망, 토마토는 1.5×1.5cm 크기로 깍둑 썰고 마늘은 잘게 다진다.
2 센불에 냄비를 달구고 올리브유를 두른 다음 양파, 마늘을 먼저 볶는다.
3 향이 올라오면 플레인요거트와 고수를 제외한 모든 재료를 넣고 렌틸콩과 병아리콩이 부드럽게 익을 때까지 20분간 끓인다.
4 플레인요거트와 고수를 올려 완성한다.

GREEK AVGOLEMONO SOUP WITH CHICKEN

그리스식치킨수프

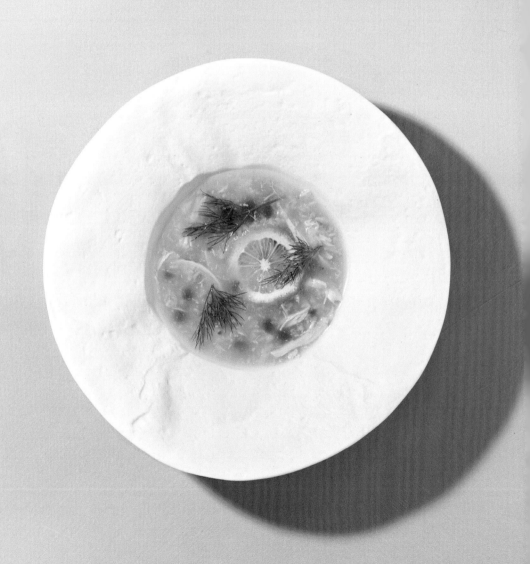

치킨스톡에 닭가슴살과 쌀을 넣어 닭죽 같은 맛을 내 한
국인 입맛에도 안성맞춤인 그리스식 수프예요. 마지막
에 레몬주스를 뿌려 상큼한 맛을 더했어요. 수프에서 새
콤한 맛이 나는 게 익숙하지 않다면 빼도 괜찮아요.

단백질
24g
23.2%

탄수화물
50g
48.5%

열량
423kcal

지방
13g
28.3%

재료(1인분)

쌀 40g, 닭가슴살 25g, 달걀 1개, 양파 20g(중 1/6개), 당근 10g, 샐러리 10g, 대파 5g,
마늘 2g(1쪽), 치킨육수 300g, 파슬리 3g, 레몬주스 10g(2작은술), 올리브유 5g(1작은술),
소금 약간, 후추 약간, 딜 2g

만드는 법

1   닭가슴살은 결대로 찢고 양파, 당근, 샐러리, 대파, 마늘은 거칠게 다진다.
2   냄비를 달군 다음 올리브유를 두르고 닭가슴살과 채소를 넣고 볶는다.
3   닭가슴살이 어느 정도 익으면 치킨육수, 쌀을 넣고 끓인다.
4   쌀이 다 익으면 달걀, 파슬리, 소금, 후추를 넣고 한소끔 더 끓인다.
5   그릇에 수프를 담은 다음 레몬주스를 살짝 뿌리고 딜을 올려 완성한다.

* 딜이 없으면 생략해도 무방하다.

ITALIAN MEATBALL SOUP

이탈리안미트볼수프

소고기와 돼지고기를 섞어 만든 미트볼이 들어간 수프예요. 시판용 미트볼을 사용해도 괜찮지만, 영양과 첨가물을 고려한다면 수제를 더 추천해요. 미트볼은 미리 여러 개 만들어 냉동실에 넣었다가 필요할 때마다 꺼내 쓰면 편하고 좋아요

재료(1인분)

미트볼 35g, 양파 30g(1/4개), 당근 20g(1/10개), 마늘 6g(2쪽), 파스타면 20g, 시금치 10g, 올리브유 7.5g(1.5작은술)
미트볼(8개 분량) 소고기 민찌 50g, 돼지고기 민찌 50g, 빵가루 20g, 파슬리 5g, 양파 10g, 달걀 10g(1/6개), 소금 약간, 후추 약간

만드는 법

1 수프용 양파와 당근은 한입 크기로 썰고 마늘은 다진다. 시금치는 먹기 좋게 한 장씩 손질한다.

2 미트볼용 파슬리와 양파는 곱게 다진다.

3 미트볼 재료를 모두 섞고 둥글게 빚어 미트볼 8개를 만든다.
   * 미트볼은 시판용도 사용 가능하다.

4 센불에 팬을 달구고 올리브유를 두른 다음 미트볼을 노릇하게 굽는다.

5 냄비에 미트볼과 시금치를 제외한 나머지 재료를 모두 넣고 끓인다.

6 파스타면이 익으면 시금치를 넣고 한소끔 더 끓여 완성한다.

7 그릇에 파스타면을 깔고 미트볼 2개와 수프를 담는다.

ONE-DISH
MEAL

:

영양 밸런스를 하나로 담아낸

한 그릇 요리

AGLIO E OLIO RICE

알리오올리오라이스

잡곡밥에 신선한 연어, 새우 등 해산물과 마늘을 듬뿍 넣어 감칠맛을 낸 볶음밥입니다. 마늘에 들어 있는 알리신 성분은 항염 및 항산화 효과가 있어 면역력을 높이는 데 도움이 됩니다. 감기에 걸리기 쉬운 환절기나 피곤한 날에 파스타 대신 밥을 넣은 알리오올리오라이스로 든든한 한 끼를 챙겨볼까요.

재료(1인분)

백미 30g, 현미 15g, 깐새우 50g(1/4컵), 연어 40g, 양파 40g(중 1/3개), 마늘 15g(5쪽), 피망 20g, 브로콜리 30g, 식용유 5g, 소금 약간

만드는 법

1 현미는 2시간 동안 물에 담가 불렸다가 쌀과 섞어 고슬고슬하게 밥을 짓는다.
2 연어는 한입 크기로 깍둑 썬다.
3 새우는 해동해서 세척한 뒤 키친타올에 올려 물기를 뺀다.
4 양파와 피망, 브로콜리는 1.5×1.5cm 크기로 깍둑 썬다.
5 마늘은 슬라이스한다.
6 센불에서 팬을 달구고 식용유를 두른 다음, 먼저 마늘을 살짝 볶고 새우와 연어를 넣어 함께 볶다가 색이 바뀌기 시작하면 남은 채소와 밥을 넣고 마저 볶는다.
7 소금을 넣어 간을 맞춘다.

SEAFOOD FRIED RICE

해물볶음영양밥

해산물과 채소가 듬뿍 들어간 영양 만점 볶음밥이에요. 평소에 먹는 볶음밥에 비해 기름이 적게 들어가 담백하고 대신 고추기름을 넣어 깔끔한 맛을 살렸어요. 채소는 집에 남은 것이라면 무엇이든 활용해도 좋답니다.

재료(1인분)

백미 35g, 현미 10g, 깐새우 45g(1/4컵), 오징어 45g(몸통 1/3개), 양파 30g(중 1/4개), 홍피망 20g, 청경채 30g, 숙주 20g, 간장 2g(1/2작은술), 식용유 5g(1작은술), 고추기름 5g(1작은술)

만드는 법

1 현미는 2시간 동안 물에 담가 불렸다가 쌀과 섞어 고슬고슬하게 밥을 짓는다.

2 오징어는 세척한 후 1cm 두께의 링 모양으로 썬다.

3 양파, 홍피망은 1.5×1.5cm 크기로 깍둑 썬다.

4 청경채는 4등분한다.

5 센불에서 팬을 달구고 식용유를 두른 다음 새우, 오징어를 넣고 볶다가 살짝 익을 때쯤 채소를 모두 넣고 마저 볶는다.

6 간장과 고추기름을 넣어 간한다.

7 그릇에 밥을 담고 완성된 볶음 재료를 올린다.

KIMCHI AND
BEAN CURD WITH RICE
김치콩비지덮밥

지중해식 요리에도 김치를 사용할 수 있다는 사실, 알고 계셨나요? 영양 성분 비율을 고려해서 사용하면 음식의 감칠맛을 높여주어 오히려 좋은 재료가 될 수 있다는 것! 여기에 단백질이 풍부한 콩비지를 추가해 영양 밸런스를 맞췄어요.

단백질
19g
18.8%

탄수화물
53g
52.3%

열량
408kcal

지방
13g
28.9%

재료(1인분)

백미 35g, 현미 15g, 콩비지 80g, 닭가슴살 50g, 배추김치 50g, 홍고추 10g, 풋고추 10g, 식용유 10g(2작은술)

만드는 법

1 현미는 2시간 동안 물에 담가 불렸다가 쌀과 섞어 고슬고슬하게 밥을 짓는다.
2 닭가슴살은 1×1cm 크기로 깍둑 썰고 홍고추와 풋고추는 어슷 썬다.
3 배추김치는 1cm 두께로 썬다.
4 센불에 팬을 달구고 식용유 1작은술을 두른 다음 닭가슴살을 볶는다.
5 다른 팬을 센불에 달구고 식용유 1작은술을 두른 다음 김치와 홍고추, 풋고추를 넣어 볶다가 콩비지를 넣어 함께 볶는다.
6 밥 위에 볶은 닭가슴살과 ⑤를 얹어서 완성한다.

PERILLA SEED PASTA

들깨파스타

어느 요리에 들어가도 고소함을 더해주는 들깨를 넣은 파스타예요. 한국형 지중해식 식사를 만들 때 들깨는 빼놓을 수 없는 좋은 재료랍니다. 들깨는 식물성 재료지만 오메가-3가 풍부해 필수지방산을 충족하고 콜레스테롤을 낮추는 데 큰 도움이 돼요.

단백질
25g
21.3%

탄수화물
61g
51.9%

열량
466kcal

지방
14g
26.8%

재료(1인분)

푸실리파스타(건) 60g, 깐새우 80g(1/2컵), 브로콜리 30g, 가지 20g, 홍피망 20g, 양파 20g(중 1/6개), 마늘 15g(5쪽), 들깻가루 15g, 식용유 7g(1.5작은술), 소금 2g, 후추 조금

만드는 법

1 푸실리파스타는 끓는 물에 소금 1g을 넣고 삶은 다음 건져서 물을 빼고 식용유 1g을 넣어 잘 버무린다.
2 가지, 피망, 양파는 1.5×1.5cm 크기로 깍둑 썰고, 마늘은 슬라이스하고, 브로콜리는 먹기 좋은 크기로 썬다.
3 센불에 팬을 달구고 나머지 식용유를 두른 다음 편마늘을 넣고 살짝 볶다가 나머지 채소와 깐새우, 들깻가루를 넣고 마저 볶는다.
4 파스타를 넣어 섞고 소금과 후추를 넣어 간을 맞춘다.

SHRIMP ROSE PASTA

새우로제파스타

크림파스타를 좋아하는 사람, 토마토파스타를 좋아하는 사람 모두에게 사랑받는 로제파스타를 지중해식으로 만들었어요. 소스 양을 줄이고 담백한 맛을 살려 건강식으로 재탄생한 로제파스타예요.

탄수화물 52g 47.8%
열량 439kcal
단백질 23g 21.1%
지방 15g 31.1%

재료(1인분)

푸실리파스타(건) 50g, 새우 90g, 브로콜리 30g, 가지 20g, 양파 20g(중 1/6개), 토마토소스 70g, 생크림 30g, 식용유 3g(1/2작은술), 설탕 2g, 소금 2g, 후추 약간

만드는 법

1 푸실리파스타는 끓는 물에 소금 1g을 넣고 삶은 다음 물을 빼고 식용유 1g을 넣어 잘 버무린다.

2 가지, 양파는 1.5×1.5cm 크기로 깍둑 썰고, 브로콜리는 먹기 좋은 크기로 썬다.

3 냄비에 토마토소스와 생크림을 넣고 끓이다 설탕과 남은 소금을 약간 넣어 간을 맞춘다.

4 달군 팬에 나머지 식용유를 두르고 새우를 넣어 살짝 볶다가 남은 채소를 넣고 함께 볶는다.

5 남은 소금과 후추를 넣어 간을 맞춘다.

6 접시에 파스타와 채소를 담고 ③의 소스와 섞어 완성한다.

TOFU HAMBURG RICE

두부함박라이스

일반적인 함박스테이크는 높은 열량 때문에 건강을 생각하면 선뜻 손이 가기 어려운 음식이죠. 하지만 재료를 두부와 닭가슴살로 바꾸면 칼로리는 낮추고 영양은 높인 건강한 함박스테이크를 즐길 수 있어요. 밥에 현미를 섞어 식감도 살렸답니다.

단백질
23g
20.8%

탄수화물
56g
50.7%

열량
454kcal

지방
14g
28.5%

재료(1인분)

백미 40g, 현미 15g, 두부 70g(1/4모), 닭가슴살 40g, 양파 30g(중 1/4개),
당근 30g, 피망 30g(1/8개), 달걀 20g(1/3개), 밀가루 5g, 식용유 8g(1.5작은술), 소금 1g,
후추 약간

만드는 법

1   현미는 2시간 동안 물에 담가 불렸다가 쌀과 섞어 고슬고슬하게 밥을 짓는다.
2   두부는 물기를 짜고, 닭가슴살, 양파, 당근, 피망은 잘게 다진다.
3   두부, 닭가슴살, 양파, 당근, 피망을 볼에 넣고 달걀, 밀가루, 식용유, 소금, 후추를 넣고 잘 버무린 후 둥글넓적한 모양으로 만든다.
4   팬에 식용유를 두르고 두부함박을 잘 익힌다.
5   그릇에 밥을 담고 두부함박을 올려 완성한다.
     * 홍고추를 썰어 올리면 모양이 좋아진다.

SALMON STEAK

연어스테이크

연어는 오메가-3 지방산이 많아 심혈관과 뇌 건강에 많은 도움을 주는 것으로 알려져 있어요. 평소 오메가-3를 섭취하면 치매와 파킨슨병 같은 질병도 예방할 수 있답니다. 연어는 생선이지만 집에서 요리하기에도 어렵지 않아 인기가 매우 높아요.

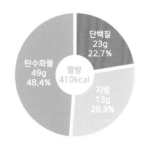

단백질
23g
22.7%

탄수화물
49g
48.4%

열량
410kcal

지방
13g
28.9%

(재료(1인분))

백미 40g, 현미 15g, 연어 85g, 브로콜리 30g, 가지 20g, 피망 20g, 양파 20g(중 1/6개), 식용유 10g(2작은술), 소금 2g, 후추 약간

(만드는 법)

1 현미는 2시간 동안 물에 담가 불렸다가 쌀과 섞어 고슬고슬하게 밥을 짓는다.
2 연어는 큼직하게 한 덩어리로 썬다.
3 가지, 피망, 양파는 1.5×1.5cm 크기로 깍둑 썰고, 브로콜리는 먹기 좋은 크기로 썬다.
4 센불에 팬을 달군 후 식용유 1작은술을 두르고 연어를 노릇하게 굽는다. 굽는 중간에 소금과 후추를 조금씩 뿌린다.
5 다른 팬에 나머지 식용유를 두르고 팬을 달군 다음 채소를 넣어 볶는다.
6 접시에 밥과 연어스테이크, 채소를 먹기 좋게 담는다.

RICE WITH CHICKEN BREAST AND CHEESE

닭가슴살치즈덮밥

담백한 닭가슴살을 맛있게 먹을 수 있는 방법은 여러 가지가 있지만, 밥과 볶은 채소에 곁들이면 맛뿐만 아니라 영양 밸런스도 한 번에 잡을 수 있어서 식사 대용으로 부담이 없어요. 소금 대신 칠리소스를 사용하면 염분이 줄어 더욱 건강한 요리가 된답니다.

재료(1인분)

백미 35g, 현미 15g, 닭가슴살 40g, 양파 30g(중 1/4개), 홍피망 20g, 가지 20g, 브로콜리 20g, 모차렐라치즈 15g, 식용유 10g(2작은술), 칠리소스 15g

만드는 법

1 현미는 2시간 동안 물에 담가 불렸다가 쌀과 섞어 고슬고슬하게 밥을 짓는다.

2 닭가슴살은 끓는 물에 삶은 다음 식으면 1cm 두께로 슬라이스한다.

3 양파, 홍피망, 가지는 1×1cm 크기로 깍둑썰기 한다.

4 브로콜리는 한입 크기로 자른다.

5 센불에 팬을 달구고 식용유를 둘러 채소를 넣고 볶는다.

6 접시에 밥, 채소, 닭가슴살을 담고 그 위에 치즈를 얹은 다음 전자레인지에서 1분 정도 치즈가 살짝 녹을 정도로 데운다.

7 위에 칠리소스를 뿌려 완성한다.

RAGU BOLOGNESE PASTA
라구볼로네제파스타

남녀노소 누구나 좋아하는 볼로네제파스타를 돼지고기
와 채소를 듬뿍 넣어 건강하게 만들었어요. 레드와인을
조금 넣으면 풍미가 살아나고 토마토소스 특유의 시큼한
맛을 잡아주어 고급스러운 요리로 재탄생할 수 있어요.

재료(1인분)

푸실리파스타(건) 60g, 돼지고기 다짐육 70g, 가지 20g, 피망 20g, 양파 20g, 브로콜리 30g,
마늘 2g, 식용유 6g, 소금 1g, 토마토소스 100g, 물 100g, 레드와인 10g, 월계수잎 2장,
레지아노(고형치즈) 약간

*시판용 소스 사용 가능.

만드는 법

1   가지, 피망, 양파는 1.5×1.5cm 크기로 깍둑 썬다.

2   브로콜리는 한입 크기로 자르고 마늘은 다진다.

3   센불에 팬을 달구고 식용유 2/3를 두른 다음 마늘을 볶다가 어느 정도 익으면 돼지고
    기 다짐육을 넣어 살짝 볶는다.

4   고기 겉면이 다 익으면 양파를 넣고 볶다가 살짝 숨이 죽으면 가지, 피망, 브로콜리를
    넣고 마저 볶는다.

5   채소가 절반 이상 익으면 토마토소스, 레드와인, 물, 월계수잎을 넣고 채소가 푹 익도
    록 끓인다.

6   냄비에 물을 담아 끓이다가 끓어오르면 파스타면과 소금을 넣고 8분 동안 익힌다.

7   면이 다 익으면 건져서 남은 식용유를 겉면에 살짝 묻혀 버무린다.

8   접시에 면과 채소를 얹은 다음 소스와 버무려 완성한다.

    * 레지아노를 그라인더에 갈아 뿌려내도 좋다.

RICE WITH PORK AND ONION

돼지고기양파덮밥

돼지고기는 고소하고 맛있지만, 포화지방의 비중이 높아 지중해식에서는 지양하고 있죠. 기름기가 적은 목살과 안심을 이용하면 이런 부담을 줄일 수 있어요. 여기에 지방 분해에 효과가 좋은 양파도 곁들었습니다.

탄수화물
49g
49.1%

열량
407kcal

단백질
17g
17.1%

지방
15g
33.8%

재료(1인분)

백미 40g, 현미 15g, 돼지고기 목살 50g, 돼지고기 안심 20g, 양파 60g(중 1/2개), 당근 20g, 식용유 3g(1/2작은술), 소금 1g, 후추 약간, 진간장 2g(1/2작은술), 참기름 2g(1/2작은술)

만드는 법

1   현미는 2시간 동안 물에 담가 불렸다가 쌀과 섞어 고슬고슬하게 밥을 짓는다.

2   양파, 당근은 1×1cm 크기로 깍둑 썬다.

3   돼지고기 목살과 안심은 2×2cm 크기로 깍둑 썬다.

4   진간장, 참기름을 섞어 양념장을 만든다.

5   센불에 팬을 달구고 식용유를 둘러서 고기를 볶다가 어느 정도 익으면 채소, 소금, 후추를 넣고 함께 볶는다.

6   접시에 밥과 볶은 채소, 고기를 담고 ④의 양념장을 뿌려 완성한다.

      * 마지막에 쪽파를 송송 썰어 올려줘도 좋다.

KOREAN DISHES

가족과 함께 먹는 완벽한 한 상

한식

FRIED BEEF & BEAN SPROUT

소고기숙주볶음

담백한 소고기 안심으로 만들어 칼로리 걱정 없는 깔끔한 반찬이에요. 굴소스를 넣어 감칠맛을 살렸어요. 만드는 법은 간단하지만 맛이 좋아 많은 사람에게 사랑받는 요리죠. 부족한 섬유소는 시금치국과 유채나물로 보충했어요.

소고기숙주볶음

재료(1인분)

소고기 안심 70g, 숙주 30g, 간장 4g, 굴소스 2g, 참기름 5g(1작은술)

만드는 법

1 소고기는 한입 크기로 자르고 숙주는 흐르는 물에 헹군다.
2 센불에 달군 팬에 고기를 먼저 볶다가 어느 정도 익으면 숙주를 넣고 함께 볶고 숨이 살짝 죽으면 간장, 굴소스를 넣어 함께 익힌다.
3 마지막에 참기름을 넣고 섞는다.

퀴노아밥

재료(1인분)

백미 50g, 퀴노아 20g

만드는 법

1 백미와 퀴노아는 잘 씻어 30분간 물에 불린다.
2 불린 잡곡과 같은 양의 물을 넣고 밥을 짓는다.

    * 잡곡의 상태, 원하는 밥의 질감에 따라 물 양을 조절한다.

시금치된장국

재료(1인분)

시금치 30g, 된장 5g(1작은술), 다시마 2g, 물 300g

만드는 법

1 시금치는 4cm 길이로 자른다.
2 냄비에 다시마와 물을 넣고 센불에서 10분간 끓인다.
3 물이 끓어오르면 다시마를 건져내고 된장을 푼 다음 시금치를 넣어 한소끔 더 끓여
   완성한다.

유채나물

재료(1인분)

유채 50g, 참기름 2g(1/2작은술), 간장 3g(1/2작은술),
마늘 3g(1쪽), 소금 1g

만드는 법

1 유채나물은 끓는 물에 살짝 데치고 마늘은 다진다.
2 한 김 식힌 다음 데친 유채나물은 물기를 짜고 4cm 길이로 자른다.
3 모든 재료를 넣고 버무린다.

오이무침

재료(1인분)

오이 40g(중 1/5개), 고춧가루 3g, 간장 4g(1작은술), 마늘 3g(1쪽)

만드는 법

1 오이는 깨끗이 씻은 다음 0.5cm 두께로 자르고 마늘은 다진다.
2 오이에 나머지 재료를 모두 넣고 버무린다.

FRIED PORK WITH DOUBANJIANG

돼지고기두반장볶음

두반장은 누에콩을 발효시켜 만드는 중국의 매콤짭짤한
대표적인 양념이에요. 특유의 매운맛 덕분에 돼지고기
요리에서 누린내를 잘 잡아주죠. 두반장 하나만으로도
이국적인 맛을 낼 수 있답니다.

단백질
27g
19.0%

탄수화물
75g
52.6%

열량
565kcal

지방
18g
28.4%

돼지고기두반장볶음

재료(1인분)

볶음용 돼지고기 80g, 피망 20g, 양파 30g(중 1/4개),
참기름 2g(1/2작은술), 맛술 5g(1작은술), 두반장 4g(1작은술),
설탕 3g, 후추 약간

만드는 법

1 돼지고기는 5cm 길이로 먹기 좋게 썰고 참기름, 맛술, 후추를 넣고 섞은 양념에 30분
   간 재운다.
2 피망과 양파는 2×2cm 크기로 깍둑 썬다.
3 센불에 팬을 달구고 고기를 넣어 볶다가 색이 살짝 변하면 채소, 두반장, 설탕을 넣고
   마저 볶는다.

현미밥

(재료(1인분))

현미 50g, 현미찹쌀 20g

(만드는 법)

1 백미와 현미찹쌀은 잘 씻어 30분간 물에 불린다.
2 불린 잡곡과 같은 양의 물을 넣고 밥을 짓는다.

   * 잡곡의 상태, 원하는 밥의 질감에 따라 물 양을 조절한다.

백김치

(재료(1인분))

배추 35g, 물(절임용) 200g, 소금(절임용) 40g, 홍고추 5g(중 1개),
쪽파 5g, 무 5g, 소금 3g, 설탕 4g(1작은술), 생강 3g, 마늘 3g(1쪽),
물(양념용) 70g, 까나리액젓 2g(1/2작은술)

(만드는 법)

1 물 200g에 소금 20g을 넣고 소금을 녹여 절임용 물을 만든다.
2 배추를 한입 크기로 자른 후 ①에 담갔다 꺼낸 후 남은 소금 20g을 배추 하얀 부분 위
   주로 뿌려 2시간 동안 절인다.
3 쪽파는 4cm로 썰고, 무, 홍고추는 0.5cm로 채 썬다.
4 생강과 마늘은 다진다.
5 물에 소금, 설탕, 생강, 마늘, 까나리액젓을 넣고 섞어 양념 물을 만든다.
6 배추가 다 절여지면 흐르는 물에 헹구고 물기를 제거한 다음 양념 물에 넣고, 홍고추,
   쪽파, 무를 배추 사이사이에 넣어 상온에서 반나절 이상 뒀다가 냉장고로 옮긴다.
7 건더기 위주로 50g을 접시에 담아 낸다.

쑥들깻국

재료(1인분)

쑥 30g, 된장 3g, 들깻가루 5g, 다시마 2g, 물 250g

만드는 법

1 쑥은 먹기 좋은 크기로 숭덩숭덩 썬다.
2 냄비에 다시마와 물을 넣고 센불에서 10분간 끓인다.
3 물이 끓어오르면 다시마를 건져내고 된장과 들깻가루를 푼 다음 마지막으로 쑥을 넣어 한 번 더 끓인다.

깻잎나물

재료(1인분)

깻잎 50g, 간장 2g(1/2작은술), 까나리액젓 2g(1/2작은술), 깨소금 2g,
참기름 2g(1/2작은술)

만드는 법

1 깻잎은 끓는 물에 데친 다음 물기를 제거한다.
2 깻잎에 간장, 까나리액젓, 깨소금, 참기름을 넣고 버무린다.

STIR FRIED CHICKEN WITH WALNUT

닭안심견과류볶음

흑미밥 + 미나리청포탕 + 닭안심견과류볶음 + 가지나물 + 오이소박이

견과류를 넣어 씹는 맛을 높이고 불포화지방산도 풍부
한 건강 반찬이에요. 견과류는 우리 몸의 산화 작용을
막아주어 노화를 방지하지만, 많이 먹으면 지방이 축적
될 수 있으므로 하루에 한 줌 이상은 섭취하지 않도록
주의하세요.

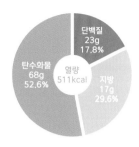

닭안심견과류볶음

재료(1인분)

닭안심 50g, 호두 10g(2개), 캐슈넛 10g(3개), 물엿 2g,
간장 2g(1/2작은술), 식용유 2g(1/2작은술), 물 20g

만드는 법

1 닭안심은 한입 크기로 먹기 좋게 자른다.
2 센불에 팬을 달구고 식용유를 두른 다음 닭안심을 넣어 볶는다.
3 닭안심이 거의 익을 때쯤 호두와 캐슈넛을 넣어 섞고 물엿, 간장, 물을 넣어 마저 볶
   는다.

흑미밥

재료(1인분)

백미 55g, 흑미 10g

만드는 법

1 백미와 흑미는 잘 씻어 30분간 물에 불린다.
2 불린 잡곡과 같은 양의 물을 넣고 밥을 짓는다.

    * 잡곡의 상태, 원하는 밥의 질감에 따라 물 양을 조절한다.

미나리청포탕

재료(1인분)

미나리 30g, 청포묵 30g, 국간장 4g(1작은술), 물 250g

만드는 법

1 미나리는 4cm 길이로 자르고 청포묵은 0.7cm 두께로 길게 자른다.
2 냄비에 물을 넣고 끓이다가 물이 끓으면 청포묵을 넣고 묵이 익을 때쯤 간장과 미나리를 넣어 완성한다.

가지나물

재료(1인분)

가지 40g(중 1/5개), 마늘 3g(1쪽), 설탕 2g, 고춧가루 2g,
간장 4g(1작은술), 식용유 2g(1/2작은술)

만드는 법

1 가지는 0.8~1cm 두께로 어슷 썰고 마늘은 다진다.
2 센불로 팬을 달구고 식용유를 두른 다음 가지를 볶는다.
3 익은 가지에 설탕, 간장, 고춧가루, 마늘을 넣고 버무린다.

오이소박이

재료(1인분)

오이 40g(중 1/5개), 부추 15g, 마늘 3g(1쪽), 고춧가루 3g,
간장 2g(1/2작은술), 소금 2g

만드는 법

1 오이는 4cm 길이로 자른 후 끝부분만 남기고 세로로 4등분해서 칼집을 낸다.
2 부추는 4cm 길이로 자른다.
3 오이는 소금에 무쳐 30분간 절인 후 물로 헹군다.
4 부추에 고춧가루, 마늘, 간장을 넣고 무친 다음 오이 속을 채운다.

TOFU JAPCHAE

두부잡채

잡곡밥 + 마른새우배춧국 + 두부잡채 + 부추오이무침 + 배추김치

모든 재료를 기름에 볶고 당면을 넣은 잡채는 고열량에 손이 많이 가 선뜻 만들기 어려워요. 그럴 때는 열량이 낮아 부담 없이 먹을 수 있고 만드는 방법도 쉬운 두부 잡채를 만들어보면 어떨까요? 포두부를 사용하면 식감도 더 좋아져요.

두부잡채

재료(1인분)

포두부 50g, 닭가슴살 30g, 시금치 20g, 당근 20g,
양파 20g(중 1/6개), 호두 6g(1알), 마늘 3g(1쪽), 간장 3g(1/2작은술),
참기름 1g, 식용유 5g(1작은술)

만드는 법

1 포두부는 0.5cm 두께로 썬다.
2 당근과 양파는 채 썰고, 마늘은 다진다.
3 시금치는 끓는 물에 살짝 데친다.
4 닭가슴살은 끓는 물에 10분간 익힌 후 꺼내서 식힌 다음 가늘게 찢는다.
5 호두는 잘게 부순다.
6 팬에 식용유를 살짝 두르고 당근과 양파를 넣어 함께 볶다가 접시에 덜어낸다.
7 팬에 다진 마늘과 간장을 넣고 살짝 끓인 뒤, 참기름을 제외한 모든 재료를 넣고 볶는다.
8 마지막에 참기름을 뿌려 버무린다.

잡곡밥

백미 50g, 조 10g

만드는 법

1 백미와 조는 잘 씻어 30분간 물에 불린다.
2 불린 잡곡과 같은 양의 물을 넣고 밥을 짓는다.

   * 잡곡의 상태, 원하는 밥의 질감에 따라 물 양을 조절한다.

배추김치

재료(1인분)

배추 35g, 물(절임용) 200g, 소금(절임용) 40g, 물 100g,
밀가루 10g, 쪽파 5g, 무 5g, 홍고추 5g, 양파 10g, 소금 3g, 설탕 4g,
생강 3g, 마늘 3g(1쪽), 멸치액젓 10g(2작은술), 고춧가루 10g

만드는 법

1 물 200g에 소금 20g을 넣어 절임용 물을 만든다.
2 배추를 한입 크기로 자른 후 절임용 물에 담갔다 꺼낸 뒤 남은 소금 20g을 배추 하얀
   부분 위주로 뿌려 2시간 동안 절인다.
3 물 100g에 밀가루를 넣고 센불에서 끓여 밀가루 풀을 만든다.
4 쪽파는 4cm, 무는 4×0.5cm로 채 썬다.
5 믹서에 밀가루풀 40g, 홍고추, 양파, 소금, 설탕, 마늘, 생강, 멸치액젓, 고춧가루를 넣
   고 간다.
6 배추가 다 절여지면 흐르는 물에 서너 번 헹군 다음 물기를 제거한 후 쪽파, 무와 함
   께 양념에 버무려 상온에서 반나절 이상 두었다가 냉장고로 옮긴다.
7 50g을 접시에 담는다.

마른새우배춧국

재료(1인분)

배추 15g, 멸치 5g, 마른 새우 5g, 대파 5g, 마늘 5g(2쪽), 된장 5g,
물 250g

만드는 법

1 배추는 3cm 두께로 썰어 된장에 무치고, 마늘은 다진다.
2 물에 멸치를 넣고 10분간 끓여 육수를 낸다.
3 멸치를 건져내고, 무친 배추와 마른 새우를 넣고 끓인다.
4 대파와 마늘을 넣어 한소끔 더 끓인다.

부추오이무침

재료(1인분)

오이 40g(중 1/5개), 양파 20g(중 1/6개), 부추 10g, 고춧가루 5g, 설탕 5g,
마늘 5g(2쪽), 통깨 1g

만드는 법

1 오이는 세로로 반 갈라 0.5cm 두께로 어슷 썰고, 양파는 채 썬다.
2 부추는 먹기 좋은 크기로 4등분한다.
3 볼에 모든 채소와 양념 재료를 넣고 섞는다.

GRILLED DEODEOK ROOT

더덕구이

수수밥 + 황태탕 + 더덕구이 + 연두부와 양념장 + 무동치미

쌉쌀한 맛이 일품인 더덕구이는 대표적인 건강 요리죠.
식이섬유와 비타민 성분이 풍부해 소화를 돕고 항산화
작용이 탁월하다고 알려져 있어요. 고추장 소스를 바른
더덕구이는 쓴맛이 적어 가족 반찬으로도 적당해요.

단백질
26g
18.3%

탄수화물
78g
54.8%

열량
575kcal

지방
17g
26.9%

더덕구이

(재료(1인분))

더덕 40g, 마늘 3g(1쪽), 고추장 4g, 간장 4g(1작은술),
참기름 4g(1작은술), 소금 1g, 깨 1g

(만드는 법)

1 더덕은 껍질을 제거하고, 4~6cm 길이로 썬 다음 소금물에 절인다.
2 마늘은 다진다.
3 간장과 참기름을 섞어 기름장 소스를 만든다.
4 마늘, 고추장, 소금, 깨를 섞어 고추장 양념을 만든다.
5 더덕은 소금기를 씻어내고 밀대로 밀어 얇게 편 후 기름장 소스를 바른다.
6 프라이팬에 더덕을 한 번 굽고, 고추장 양념을 발라 한 번 더 굽는다.

수수밥

재료(1인분)

백미 50g, 수수 10g

만드는 법

1 백미와 수수는 잘 씻어 30분간 물에 불린다.
2 불린 잡곡과 같은 양의 물을 넣고 밥을 짓는다.

  * 잡곡의 상태, 원하는 밥의 질감에 따라 물 양을 조절한다.

황태탕

재료(1인분)

황태채 15g, 무 20g, 콩나물 15g, 청양고추 2g, 대파 3g,
마늘 3g(1쪽), 새우젓 3g, 들기름 2g(1/2작은술), 물 250g

만드는 법

1 황태채는 물에 10분간 불리고, 콩나물은 씻어 체에 밭친다.
2 무는 나박썰기 하고, 청양고추와 파는 어슷 썬다. 마늘은 다진다.
3 약불에 달군 냄비에 들기름을 두르고, 황태채를 볶는다.
4 냄비에 물과 무, 황태채를 넣고 끓인다.
5 무가 익으면 냄비에 콩나물, 새우젓, 다진 마늘, 대파, 청양고추를 넣고 한소끔 더 끓인다.

연두부와 양념장

재료(1인분)

연두부 120g, 홍고추 5g, 고춧가루 1g, 간장 10g(2작은술),
참기름 5g(1작은술)

만드는 법

1   홍고추는 잘게 다진다.
2   연두부를 제외한 모든 재료를 볼에 넣고 잘 섞는다.
3   연두부를 접시에 올리고 양념장을 얹어 완성한다.

무동치미

재료(1인분)

무 40g, 양파 15g, 마늘 2g(1쪽), 청고추 3g, 홍고추 3g, 매실청 3g,
물 70g, 소금 3g

만드는 법

1   무를 한입 크기로 썬 뒤 소금에 절인다.
2   믹서에 양파, 마늘, 매실청, 물을 넣고 간다.
3   청고추와 홍고추는 어슷 썬다.
4   절인 무에 ②의 양념물을 붓고, 청고추, 홍고추를 넣어 냉장고에 하루 정도 숙성한다.

STIR-FRIED
EGG & SHRIMP

달걀새우볶음

보리밥 + 소고기얼갈이해장국 + 달걀새우볶음 + 봄동겉절이 + 배추김치

달걀과 새우를 넣고 소금으로 간을 맞춰 담백하게 볶은
요리예요. 심심한 맛은 봄동겉절이와 배추김치로 잡아
주면 좋죠. 봄동은 이름 그대로 봄에만 나는 재료이므로
시기에 맞춰 꼭 겉절이로 만들어 먹어보세요.

단백질
29g
21.2%

탄수화물
65g
47.8%

열량
545kcal

지방
19g
31.0%

달걀새우볶음

재료(1인분)

달걀 50g(1개), 깐새우 30g, 양파 20g(중 1/6개), 대파 5g,
식용유 5g(1작은술), 소금 1g

만드는 법

1 달걀은 알끈을 제거하고, 소금과 함께 푼다.

2 양파와 대파는 다진다.

3 센불에 팬을 달구고 식용유를 두른 다음 달걀물을 부으면서 젓가락으로 섞어 익힌 후
   접시에 꺼내둔다.

4 팬에 채소와 새우를 볶다가 색이 변하면 달걀을 넣어 한 번 더 볶는다.

보리밥

(재료(1인분))

백미 40g, 보리 20g

(만드는 법)

1 백미와 보리는 잘 씻어 30분간 물에 불린다.
2 불린 잡곡과 같은 양의 물을 넣고 밥을 짓는다.
    * 잡곡의 상태, 원하는 밥의 질감에 따라 물 양을 조절한다.

배추김치

(재료(1인분))

배추 35g, 물(절임용) 200g, 소금(절임용) 40g, 물 100g,
밀가루 10g, 쪽파 5g, 무 5g, 홍고추 5g, 양파 10g, 소금 3g, 설탕 4g,
생강 3g, 마늘 3g(1쪽), 멸치액젓 10g(2작은술), 고춧가루 10g

(만드는 법)

1 물 200g에 소금 20g을 넣어 절임용 물을 만든다.
2 배추를 한입 크기로 자른 후 절임용 물에 담갔다 꺼낸 뒤 남은 소금 20g을 배추 하얀
   부분 위주로 뿌려 2시간 동안 절인다.
3 물100g에 밀가루를 넣고 센불에서 끓여 밀가루풀을 만든다.
4 쪽파는 4cm, 무는 4×0.5cm로 채 썬다.
5 믹서에 밀가루풀 40g, 홍고추, 양파, 마늘, 생강, 소금, 설탕, 멸치액젓, 고춧가루를 넣
   고 간다.
6 배추가 다 절여지면 흐르는 물에 서너 번 헹군 다음 물기를 제거한 후 쪽파, 무와 함
   께 양념에 버무려 상온에서 반나절 이상 두었다가 냉장고로 옮긴다.
7 반찬으로 50g을 접시에 담는다.

소고기얼갈이해장국

재료(1인분)

얼갈이배추 30g, 소고기 40g, 콩나물 20g, 대파 3g, 고추장 3g,
고춧가루 3g, 된장 5g, 물 250g

만드는 법

1   소고기는 3cm 길이로 썬다.
2   얼갈이배추는 살짝 데쳐 먹기 좋은 크기로 자른다. 대파는 어슷 썬다.
3   냄비에 물을 붓고 고추장과 된장을 푼 다음 소고기를 넣어 끓인다.
4   ②에 얼갈이배추, 콩나물, 대파, 고춧가루를 넣어 배추가 익을 때까지 푹 끓인다.

봄동겉절이

재료(1인분)

봄동 30g, 쪽파 3g, 마늘 3g(1쪽), 통깨 2g, 고춧가루 5g,
생강가루 1g, 멸치액젓 3g(1/2작은술), 참기름 2g(1/2작은술)

만드는 법

1   봄동은 밑동을 자른 후 먹기 좋은 크기로 썰고, 쪽파는 송송 썬다.
2   마늘은 다진다.
3   볼에 다진 마늘, 고춧가루, 생강가루, 멸치액젓, 참기름을 넣고 섞어 양념을 만든다.
4   봄동에 양념을 골고루 묻힌 다음 쪽파를 넣어 가볍게 버무린다.
5   접시에 겉절이를 담고 통깨를 뿌려 완성한다.

FRIED OYSTER

굴전

병아리콩밥 + 도토리묵국 + 굴전 + 미나리나물 + 무비트파프리카피클

칼슘 함량이 높아 '바다의 우유'라고 불리는 굴을 고소하게 부쳐냈어요. 비타민이 풍부한 미나리나물과도 잘 어울리죠. 미나리는 생으로 먹어도, 살짝 데쳐 먹어도 맛있으니 여러 방법으로 만들어 먹어보세요.

단백질
24g
17.4%

탄수화물
76g
55.0%

열량
564kcal

지방
17g
27.6%

굴전

재료(1인분)

굴 70g, 달걀 30g(1/2개), 밀가루 10g, 쪽파 5g,
식용유 3g(1/2작은술), 소금 5g

만드는 법

1 소금물을 만들어 굴을 넣고 흔들어 씻은 다음 여러 번 헹궈 물기를 뺀다.
2 쪽파는 송송 썬다.
3 볼에 달걀을 풀고, 쪽파를 넣어 섞는다.
4 굴에 밀가루와 ③의 달걀물을 순서대로 입힌다.
5 달군 팬에 식용유를 두르고, 굴을 앞뒤로 구워 익힌다.

병아리콩밥

재료(1인분)

백미 50g, 병아리콩 10g

만드는 법

1 병아리콩을 물에 4시간 담가 불린다.
2 쌀, 병아리콩과 같은 양의 물을 넣고 밥을 짓는다.

  * 잡곡의 상태, 원하는 밥의 질감에 따라 물 양을 조절한다.

도토리묵국

재료(1인분)

도토리묵 40g, 다시마 2g, 배추김치 10g, 쪽파 3g,
소금 2g, 물 250g

만드는 법

1 냄비에 다시마와 물을 넣고 10분간 끓여 육수를 내고 다시마는 건진다.
2 도토리묵과 김치는 1×4cm 길이로 썰고, 쪽파는 송송 썬다.
3 육수에 도토리묵과 쪽파를 넣고 끓인다.
4 ③에 김치를 얹어 마무리한다.

미나리나물

재료(1인분)

미나리 50g, 마늘 5g(2쪽), 소금 1g, 깨 2g, 간장 3g(1/2작은술),
참기름 2g(1/2작은술)

만드는 법

1 끓는 물에 소금을 넣고, 미나리를 데친 뒤 물기를 짠다.
2 마늘은 다진다.
3 데친 미나리에 소금, 깨, 다진 마늘, 간장과 참기름을 넣어 무친다.

무비트파프리카피클

재료(1인분)

무 30g, 빨강파프리카 20g, 노랑파프리카20g, 비트 10g,
식초 20g, 물 20g, 올리고당 5g, 소금 2g

만드는 법

1 무, 파프리카는 한입 크기로 썬다.
2 비트는 잘게 다지고 물기를 짜 즙을 낸다.
3 비트즙, 식초, 물, 올리고당, 소금을 섞는다.
4 ③의 양념물에 무와 파프리카를 담근다.

BRAISED FISH & SWEET POTATO

임연수고구마조림

고소하고 기름진 맛이 특징적인 임연수어와 달콤한 고
구마를 함께 졸인 색다른 반찬이에요. 이 요리 하나만으
로도 탄단지 밸런스를 충분히 맞출 수 있죠. 임연수어는
4월이 제철이므로 꼭 이 시기에 드세요.

단백질
30g
19.9%

탄수화물
80g
53.2%

열량
591kcal

지방
18g
26.9%

임연수고구마조림

재료(1인분)

임연수어 80g, 고구마 40g, 풋고추 3g(1/2개), 양파 40g(중 1/3개),
대파 10g, 간장 10g(2작은술), 된장 5g, 마늘 5g(2쪽), 고춧가루 5g,
설탕 5g, 맛술 5g(1작은술), 소금 약간, 물 100g(1/2컵)

만드는 법

1   임연수어는 내장과 지느러미, 비늘을 제거하고 씻어서 4cm 크기로 토막낸 뒤 소금을
    뿌려 10분간 둔다.
2   고구마는 껍질을 벗겨 반달 모양으로 썰고, 양파는 채 썰고, 고추와 대파는 어슷 썬다.
3   마늘은 다진다.
4   다진 마늘, 간장, 된장, 고춧가루, 설탕, 맛술, 물을 넣고 섞는다.
5   냄비에 고구마와 임연수어를 깔고 양념을 끼얹어 고구마와 임연수어가 익을 때까지
    15분 정도 조린다.
6   국물이 졸면 고추와 양파, 대파를 넣고 한소끔 더 끓인다.

퀴노아밥

백미 50g, 퀴노아 10g

만드는 법

1 백미와 퀴노아는 잘 씻어 30분간 물에 불린다.
2 불린 잡곡과 같은 양의 물을 넣고 밥을 짓는다.
   * 잡곡의 상태, 원하는 밥의 질감에 따라 물 양을 조절한다.

근대국

재료(1인분)

근대 20g, 된장 10g, 멸치 5g, 대파 3g, 표고버섯 5g,
다시마 2g, 물 250g

만드는 법

1 대파는 어슷 썰고 표고버섯은 머리 부분만 0.5cm 두께로 썬다.
2 냄비에 물을 붓고 멸치, 대파, 표고버섯, 다시마를 넣고 30분간 끓여 육수를 낸다.
3 근대는 4cm 길이로 썬다.
4 육수가 다 끓으면 멸치와 다시마를 건져내고, 된장을 풀어 한 번 더 끓인다.
5 끓는 물에 근대를 넣어 숨이 죽을 때까지 끓인다.

시금치들깨무침

재료(1인분)

시금치 50g, 호두 5g(1알), 마늘 3g(1쪽), 들깻가루 5g,
들기름 4g(1작은술), 소금 1g

만드는 법

1 끓는 물에 시금치를 데쳐낸다.
2 마늘과 호두는 잘게 다진다.
3 시금치의 물기를 제거한 후 모든 재료를 넣고 버무린다.

무동치미

재료(1인분)

무 40g, 양파 15g, 마늘 2g(1쪽), 청고추 3g, 홍고추 3g, 매실청 3g,
물 70g, 소금 3g

만드는 법

1 무를 한입 크기로 썬 뒤 소금에 절인다.
2 믹서에 양파, 마늘, 매실청, 물을 넣고 간다.
3 청고추와 홍고추는 어슷 썬다.
4 절인 무에 ②의 양념물을 붓고, 청고추, 홍고추를 넣어 냉장고에 하루 정도 숙성한다.

BRAISED COD & CHILI PEPPER

대구풋고추조림

대구는 전 세계적으로 사랑받는 생선 가운데 하나예요. 생물을 구입하면 손질도 어렵고 양도 너무 많지만 시중에서 파는 대구살을 이용하면 어렵지 않게 요리할 수 있어요. 여기에 비타민C가 풍부한 풋고추를 더해 맛있는 조림을 만들었어요.

대구풋고추조림

(재료(1인분))

대구살 80g, 풋고추 10g(2개), 양파 25g(중 1/5개), 마늘 5g(2쪽), 호두 16g(3알), 소금 2g, 참기름 3g, 후추 약간, 간장 5g(1작은술), 올리고당 5g(1작은술), 맛술 5g(1작은술), 물 150g(3/4컵)

(만드는 법)

1 대구살은 소금, 참기름, 후추로 밑간한다.
2 고추는 어슷 썰고, 양파는 1×3cm 크기로 썬다. 마늘은 편 썬다.
3 간장, 올리고당, 맛술, 물을 섞어 양념을 만든다.
4 냄비에 ③을 넣어 끓으면 대구살을 넣고 자작하게 조려 익힌다.
5 고추와 양파, 마늘, 호두를 넣고 한 번 더 끓인다.

흑미밥

재료(1인분)

백미 50g, 흑미 10g

만드는 법

1 백미와 흑미는 잘 씻어 30분간 물에 불린다.
2 불린 잡곡과 같은 양의 물을 넣고 밥을 짓는다.
  * 잡곡의 상태, 원하는 밥의 질감에 따라 물 양을 조절한다.

무동치미

재료(1인분)

무 40g, 양파 15g, 마늘 2g(1쪽), 청고추 3g, 홍고추 3g, 매실청 3g,
물 70g, 소금 3g

만드는 법

1 무를 한입 크기로 썬 뒤 소금에 절인다.
2 믹서에 양파, 마늘, 매실청, 물을 넣고 간다.
3 청고추와 홍고추는 어슷 썬다.
4 절인 무에 ②의 양념물을 붓고, 청고추, 홍고추를 넣어 냉장고에 하루 정도 숙성한다.

오이미역냉국

재료(1인분)

오이 30g, 건미역 5g, 설탕 5g, 소금 1g, 식초 5g(1작은술),
통깨 2g, 물 100g(1/2컵)

만드는 법

1 미역은 찬물에 10분간 담가 불린다.

2 물에 설탕, 소금, 식초를 넣어 잘 저은 뒤 냉장고에 30분 이상 넣는다.

3 오이는 채 썰고, 미역은 물기를 짠 뒤 3cm 크기로 자른다.

4 차게 식힌 국물에 오이채와 미역을 넣고, 통깨를 뿌려 완성한다.

콩나물다시마냉채

재료(1인분)

콩나물 40g, 미나리 15g, 다시마 5g, 고춧가루 2g, 식초 5g(1작은술),
마늘 5g(2쪽), 통깨 2g, 소금 2g

만드는 법

1 냄비에 물과 다시마를 넣고 10분간 끓인다.

2 미나리는 살짝 데치고, 콩나물은 삶아 익힌다.

3 냄비에서 다시마를 꺼내 채 썰고, 미나리도 4cm 길이로 썬다. 마늘은 다진다.

4 고춧가루, 식초, 다진 마늘, 통깨, 소금을 넣고 섞는다.

5 삶은 콩나물과 채 썬 재료, ④의 양념을 모두 넣고 섞는다.

GRILLED SPANISH MACKEREL

삼치된장구이

생선구이를 할 때 된장 소스를 발라주면 풍미를 끌어올리고 비린맛도 잡을 수 있죠. 부드러운 살이 일품인 삼치에 된장 소스를 발라 색다른 맛으로 즐겨보면 어떨까요? 상추겉절이를 곁들이면 상큼함도 더할 수 있어요.

탄수화물
69g
54.7%

열량
507kcal

단백질
25g
19.4%

지방
15g
25.9%

삼치된장구이

재료(1인분)

삼치 80g, 대파 5g, 마늘 5g(2쪽), 식용유 6g(1작은술), 맛술 5g(1작은술), 올리고당 5g(1작은술), 된장 5g, 소금 2g

만드는 법

1 삼치는 5cm 크기로 썰고, 살에 소금을 뿌려 10분 정도 절인다.
2 대파는 어슷 썬다.
3 마늘은 다진 후 대파, 된장, 맛술, 올리고당과 함께 섞어 양념을 만든다.
4 팬에 식용유를 두르고, 삼치를 앞뒤로 노릇하게 굽는다.
5 삼치에 된장 양념을 발라 한 번 더 굽는다.

현미밥

재료(1인분)

백미 50g, 현미 10g

만드는 법

1 현미는 2시간 동안 물에 담가 불렸다가 쌀과 섞어 고슬고슬하게 밥을 짓는다.
2 불린 잡곡과 같은 양의 물을 넣고 밥을 짓는다.

  * 잡곡의 상태, 원하는 밥의 질감에 따라 물 양을 조절한다.

애호박맑은된장국

재료(1인분)

애호박 30g, 양파 20g, 된장 10g(2작은술), 멸치 5g, 대파 5g,
표고버섯 10g, 다시마 2g, 물 250g

만드는 법

1 대파는 어슷 썰고 표고버섯은 머리 부분만 0.5cm 두께로 썬다.
2 냄비에 물을 붓고 멸치, 대파, 표고버섯, 다시마를 넣고 30분간 끓여 육수를 낸다.
3 애호박과 양파는 1×1cm로 깍둑 썬다.
4 멸치와 다시마를 건져내고, 육수에 된장을 풀어 애호박과 양파를 넣고 한소끔 더 끓인다.

상추겉절이

상추 30g(중 4장), 쪽파 10g, 마늘 3g(1쪽), 통깨 2g, 고춧가루 5g,
멸치액젓 5g(1작은술), 생강가루 1g, 참기름 4g

만드는 법

1 상추는 한입 크기로, 쪽파는 5cm 길이로 자르고, 마늘은 다진다.
2 볼에 고춧가루, 멸치액젓, 다진 마늘, 생강가루, 참기름을 넣고 모두 섞는다.
3 상추와 양념을 잘 버무린 후 쪽파를 넣어 가볍게 한 번 더 섞는다.
4 겉절이를 그릇에 담고 통깨를 뿌려 완성한다.

깍두기

재료(1인분)

무 30g, 고춧가루 5g, 소금 2g, 다진 마늘 2g, 액젓 2g(1/2작은술),
매실청 2g(1/2작은술)

만드는 법

1 무는 사방 1.5×1.5cm 크기로 깍둑 썰고, 소금을 뿌려 1시간 동안 절인다.
2 절인 무의 물기를 제거하고, 모든 재료를 섞어 버무린다.

MEDITERRANEAN FOOD

특별한 날, 특별한 사람에게 대접하는

정통 지중해 요리

HUMMUS AND PITA BREAD
후무스와 피타브레드

후무스는 병아리콩으로 만드는 중동 지역의 대표적인
음식이죠. 모든 재료를 넣고 갈기만 하면 간단하게 만들
수 있기 때문에 바쁠 때 후다닥 해 먹기 좋습니다. 빵에
바르면 식사용으로, 크래커에 바르면 좋은 간식이 되는
다재다능한 요리예요.

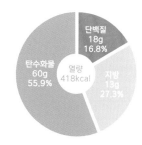

단백질
18g
16.8%

탄수화물
60g
55.9%

열량
418kcal

지방
13g
27.3%

재료(1인분)

병아리콩(통조림) 120g, 마늘 2g(1쪽), 레몬주스 5g(1작은술),
엑스트라버진올리브유 3g(1/2작은술), 파슬리 2g, 소금 약간, 후추 약간, 카레분말 약간,
파프리카파우더 약간, 피타브레드 30g
타히니소스(5회분) 참깨 100g(1컵), 올리브유 40g(3큰술), 레몬즙 10g(2작은술),
참기름 10g(2작은술), 물 10g(2작은술), 소금 5g

만드는 법

1 병아리콩은 물기를 제거하고, 파슬리는 거칠게 다진다.
2 소스용 참깨를 곱게 간 뒤 나머지 소스 재료를 넣고 섞어 타히니 소스를 만든다.
3 믹서에 병아리콩, 마늘, 레몬주스, 타히니소스 10g(2작은술), 올리브유, 파슬리, 소금,
   후추, 카레분말을 넣고 갈아 후무스를 만든다.
4 접시에 ③에서 만든 후무스를 담고, 파프리카파우더를 뿌린다.
5 피타브레드를 프라이팬에 살짝 굽고 곁들여 낸다.

BAKED FALAFEL

오븐에 구운 팔라펠

비건식으로도 유명한 팔라펠은 중동식 완자예요. 고기 대신 병아리콩을 넣어 담백한 맛을 더했죠. 중동에서 만드는 팔라펠에는 다양한 향신료가 들어가지만, 여기에서는 카레가루와 고춧가루를 사용해 한국적인 스타일로 만들었어요.

단백질
13g
17.7%

탄수화물
38g
51.7%

열량
292kcal

지방
10g
30.6%

(재료(1인분))

병아리콩(통조림) 130g, 양파 10g(중 1/10개), 마늘 2g(1쪽), 파슬리 1g, 올리브유 6g(1작은술), 레몬주스 약간, 카레가루 약간, 소금 약간, 고운 고춧가루 약간, 플레인요거트 20g

(만드는 법)

1 병아리콩은 물기를 제거한다.

2 양파, 마늘, 파슬리는 잘게 다진다.

3 모든 재료를 섞어 지름 5cm 크기로 둥글게 빚는다.

4 오븐 또는 에어프라이어에서 180도로 15분간 구워 완성한다.

5 팔라펠에 플레인요거트를 곁들인다.

   * 요거트 대신 사워크림 소스를 곁들여도 좋다.

CAZUELA DE BACALAO

대구냄비요리

대표적인 흰 살 생선인 대구는 살이 부드럽고 담백하며 고소한 맛이 좋아 모두에게 사랑받는 생선이에요. 우리 나라에서는 주로 매운탕으로 먹지만 지중해 연안에서는 올리브유에 살짝 구워 스테이크로 먹거나 올리브유로 만든 소스를 넣어 끓여 먹는 게 일반적이에요.

단백질
21g
20.1%

탄수화물
54g
51.8%

열량
419kcal

지방
13g
28.1%

재료(1인분)

대구 60g, 양파 20g(중 1/6개), 마늘 20g(7쪽), 페페론치노 약간, 올리브유 12g(2.5작은술), 소금 약간, 후추 약간, 바게트 80g

만드는 법

1 대구살은 한입 크기로 자르고 소금, 후추로 밑간한다.

2 마늘은 5mm 두께로 슬라이스하고, 양파는 다진다.

3 냄비에 올리브유를 두르고 달군 다음, 마늘, 양파를 먼저 볶는다.

4 채소가 익으면 대구살, 페페론치노를 넣고 대구살이 노릇해질 때까지 익힌다.

5 익힌 재료를 모두 그릇에 담고 바게트를 곁들여 완성한다.

CALAMARI PLANCH
WITH BAKED POTATO

철판에 구운 오징어와 구운 감자

오징어는 타우린이 풍부해 피로 회복에 좋아요. 다만 콜레스테롤 함량이 높기 때문에 너무 많이 먹으면 혈관 건강을 위협할 수 있죠. 그래서 탄수화물을 보충해주는 감자, 혈액을 맑게 해주는 마늘과 함께 먹으면 밸런스가 좋아요.

재료(1인분)

오징어 60g, 감자 200g(중 2/3개), 퓨어올리브유 7g(1.5작은술), 소금 약간, 로즈마리 약간
살사베르데소스 마늘 5g(2쪽), 파슬리 5g, 엑스트라버진올리브유 5g(1작은술), 레몬 5g,
후추 약간

만드는 법

1　감자는 깨끗이 씻어 껍질을 벗기지 않고 한입 크기로 자른다.
2　감자, 퓨어올리브유 1/2, 소금을 넣고 버무리고 180도로 예열한 오븐에서 20분간 굽는다.
3　마늘과 파슬리는 곱게 다진다.
4　소스 재료를 모두 섞어 살사베르데소스를 만든다.
5　팬에 남은 퓨어올리브유를 두르고 오징어를 구운 다음 식으면 먹기 좋게 자른다.
6　접시에 구운 오징어와 감자, ④의 살사베르데소스를 담아 완성한다.
　　* 로즈마리를 올려주면 향긋한 맛을 더할 수 있고 호밀빵을 곁들이는 것도 좋다.

PANZANELLA WITH GRILLED SHRIMP

이탈리아식판자넬라샐러드와 구운 새우

새콤한 맛이 특징인 이탈리안드레싱은 해산물 샐러드와 잘 어울려요. 이탈리아에서는 토마토, 올리브유, 식초, 마늘, 허브 정도를 넣어 만들지만 지금은 훨씬 더 다양한 형태로 개발되었죠. 시판용 드레싱을 사용하면 편하게 먹을 수 있어요.

재료(1인분)

사워도우 60g, 새우 60g, 시금치 20g, 아보카도 20g, 방울토마토 40g(4개), 적양파 20g(중 1/6개), 마늘 5g(2쪽), 올리브유 5g(1작은술), 소금 약간, 후추 약간
이탈리안드레싱(4회분) 엑스트라버진올리브유 40g, 화이트와인비네거 20g, 다진 마늘 3g(1/2작은술), 레몬주스 10g, 꿀 10g, 디종머스터드 약간, 오레가노 약간, 타임 약간, 소금 약간, 후추 약간
* 시판용 드레싱을 사용해도 무방하다.

만드는 법

1   시금치는 깨끗하게 씻고 잎을 하나씩 떼어 손질하고 찬물에 담가 놓는다.
2   사워도우는 한입 크기로 썰어 마른 팬에 굽는다.
3   아보카도와 방울토마토는 한입 크기로 썰고 적양파는 송송 썬다.
4   새우는 소금, 후추로 간하고, 팬에 올리브유를 두른 다음 마늘과 같이 노릇하게 굽는다.
5   드레싱 재료를 모두 넣고 섞어 이탈리안드레싱을 만든다.
6   모든 재료와 이탈리안드레싱 20g을 넣고 살살 버무려 완성한다.

CASARECCE PASTA
SALAD WITH SALAMI

카사레체파스타살라미샐러드

식사 대용으로 먹기 좋은 카사레체 파스타 샐러드예요.
납작한 면이 둥그렇게 말린 카사레체는 우리나라 사람
들에게 생소한 파스타죠. 카사레체가 없다면 다른 숏파
스타로 대체해도 잘 어울려요.

재료(1인분)

카사레체 파스타 55g, 방울토마토 60g(6개), 모차렐라볼치즈 45g, 바질 5g, 양파 5g,
베이비루꼴라 5g, 마늘 3g(1쪽), 엑스트라버진올리브유 5g(1작은술)
발사믹드레싱 발사믹식초 30g(2큰술), 엑스트라버진올리브유 5g(1작은술), 꿀 2.5g(1/2작은술),
오레가노 약간, 소금 약간, 후추 약간

만드는 법

1 카사레체 파스타는 끓는 물에서 8분간 삶은 뒤 찬물에 헹궈 물기를 뺀다.
2 파스타에 올리브유 1/2작은술을 넣고 버무린다.
3 방울토마토는 4등분하고 양파는 가늘게 슬라이스한다.
4 바질은 잘게 다지고 마늘은 나머지 올리브유를 두른 팬에 굽는다.
5 발사믹드레싱 재료를 모두 넣고 섞어 드레싱을 만든다.
6 모든 재료를 접시에 올린 다음 드레싱을 뿌려 완성한다.

SEAFOOD PAELLA

스페인식해산물빠에야

해산물이 듬뿍 들어간 빠에야는 스페인의 대표적인 쌀 요리예요. 볶음밥 같은 비주얼이지만 실제로는 냄비에 육수를 붓고 졸이는 일종의 냄비밥입니다. 빠에야의 상징과도 같은 샛노란 색은 샤프란 꽃의 꽃술을 말려서 만든 향신료 덕분이에요.

재료(1인분)

새우 30g, 홍합 30g, 오징어 30g(몸통 1/5개), 양파 30g(중 1/4개), 홍피망 50g, 토마토 20g, 쌀 60g, 완두콩 15g, 레몬 15g, 마늘 5g(2쪽), 바지락육수 300g(1.5컵), 올리브유 15g(1큰술), 화이트와인 15g, 파슬리 5g, 파프리카파우더 약간, 샤프란 약간, 소금 약간

만드는 법

1 홍합은 족사를 제거하고, 새우와 함께 흐르는 물에 깨끗이 씻는다. 오징어는 링 모양으로 썬다.

2 양파, 마늘, 파슬리는 잘게 다지고, 홍피망, 토마토는 1×1cm로 깍둑 썬다. 레몬은 길게 3등분한다.

3 센불에 팬을 달구고 올리브유를 두른 다음 양파, 마늘, 홍피망, 토마토, 해산물, 화이트와인 순으로 넣으면서 볶는다.

4 쌀을 넣고 겉면이 살짝 투명해질 때까지 볶는다.

5 바지락육수, 샤프란, 완두콩을 넣고 조금 더 끓이다가 소금으로 간한다.

6 눌어붙지 않게 잘 저으며 끓이다가 약불로 바꾸고 국물이 자작해질 때까지 졸인다.

7 접시에 담고 파슬리와 파프리카파우더를 뿌려 완성한다.

SPANISH BEEF STEW

스페인식비프스튜

소고기를 넣어 포만감을 높인 토마토소스 베이스의 스
튜예요. 고춧가루를 넣어 감칠맛을 높였습니다. 스튜만
으로는 탄수화물이 부족하기 때문에 바게트를 곁들이면
탄단지 밸런스가 딱 맞게 어우러져요.

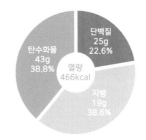

재료(1인분)

소고기 80g, 양파 30g(중 1/4개), 당근 20g, 샐러리 5g, 마늘 3g(1쪽), 토마토소스 40g,
레드와인 20g, 올리브유 2g(1/2작은술), 굵은 고춧가루 약간, 소금 약간, 후추 약간,
치킨육수 150g(3/4컵), 바게트 2조각

만드는 법

1   소고기는 키친타월에 눌러 핏물을 제거한다.

2   양파, 당근은 2×2cm로 깍둑 썰고, 샐러리는 한입 길이로 썰고, 마늘은 곱게 다진다.

3   센불에 팬을 달구고 올리브유를 두른 다음 소고기를 굽는다.

4   소고기가 노릇해지면 나머지 채소를 넣고 마저 볶는다.

5   채소가 노릇해지면 레드와인을 넣고 한소끔 끓여 알코올을 날린다.

6   토마토소스, 치킨육수, 고춧가루, 소금, 후추를 넣고 약불로 푹 끓인다.

7   소고기가 부드럽게 익으면 바게트를 곁들여 완성한다.

DESSERT

달콤하지만 건강을 생각한

디저트

TOMATO AND BASIL SORBET

토마토바질셔벗

토마토는 차갑게 먹으면 더욱 맛이 살아나서 토마토로 만든 디저트는 남녀노소 좋아하는 스테디한 디저트로 사랑받고 있죠. 여기에 레몬주스와 바질을 더해 상큼한 맛과 향을 더욱 살렸어요. 지방이 없는 달콤한 디저트 한입 어떠세요?

(재료(1컵))

토마토 200g(대 1개), 레몬주스 20g, 비정제설탕 20g, 소금 약간, 바질 3g

(만드는 법)

1   토마토는 뜨거운 물에 살짝 데쳐 껍질을 벗긴다.

2   모든 재료를 믹서에 넣고 곱게 간 뒤 냉동실에 30분간 두어 살짝 얼린다.

3   완전히 얼기 전 꺼내 내용물을 골고루 섞어 부드럽게 만들고 그릇에 담는다.

FROZEN YOGURT BARK

요거트바크

다이어트 간식으로 인기를 끌었던 요거트 초콜릿을 만들었어요. 바크 초콜릿과 모양이 비슷해서 요거트바크라고 불러요. 그릭요거트로 만들면 단단한 질감이 살고, 플레인요거트로 만들면 부드러운 식감도 낼 수 있어요.

단백질
8g
13.9%

탄수화물
27g
47.0%

열량
221kcal

지방
10g
39.1%

재료(1조각)

플레인요거트 150g, 아가베시럽 15g, 바닐라빈 3g, 딸기 15g, 블루베리 15g, 라즈베리 15g, 피칸 5g(1개), 레몬주스 15g(1큰술), 소금 약간

만드는 법

1 바닐라빈은 반으로 갈라 씨만 긁어낸다.
2 플레인요거트, 아가베시럽, 바닐라빈, 레몬주스, 소금을 볼에 넣고 섞는다.
3 팬에 ②의 믹스를 깔고 위에 과일과 피칸을 올린다.
4 냉동실에 얼려 완성한다.

APPLE CRUMBLE

사과크럼블

아삭한 사과와 은은한 시나몬 향이 잘 어우러지는 달콤한 디저트예요. 빵 같은 느낌이지만 지방 함량이 낮아 부담 없이 먹을 수 있어요. 여기에서는 1인분을 기준으로 만들지만 크게 만들어서 냉동실에 넣어두었다가 한 조각씩 잘라 먹어도 좋답니다.

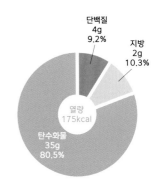

단백질
4g
9.2%

지방
2g
10.3%

열량
175kcal

탄수화물
35g
80.5%

재료(1조각)

그래놀라 30g, 사과 35g(1/8개), 올리고당 10g(2작은술), 비정제설탕 2g, 시나몬파우더 약간, 팔각 약간, 소금 약간

만드는 법

1 사과는 껍질을 벗기고 1×1cm 크기로 깍둑 썬다.
2 냄비에 그래놀라를 제외한 모든 재료를 넣고 약불에 끓여 졸인다.
3 냄비에서 팔각을 빼고, 나머지는 오븐 용기에 담아 네모반듯한 모양으로 만든다.
4 ③에 그래놀라를 올리고 180도로 예열한 오븐에 10분간 구워 완성한다.

PORTOKALOPITA

그리스식오렌지케이크

오렌지 알맹이와 오렌지 제스트가 씹히는 상큼한 케이크예요. 그릭요거트를 넣어 그리스식으로 만들어봤어요. 간단하게 만들 수 있지만, 맛만큼은 고급스러운 케이크 못지않아 티타임에 곁들이면 우아한 분위기를 낼 수 있어요.

단백질
4g
6.6%

탄수화물
26g
45.8%

열량
229kcal

지방
12g
47.6%

재료(1/5개)

오렌지 1개, 필로페이스트리 90g, 달걀 1개, 설탕 50g, 그릭요거트 50g, 올리브유 50g(3.5큰술), 베이킹파우더 2g, 베이킹소다 1g, 오렌지주스 30g(2큰술)

만드는 법

1 오렌지는 베이킹소다로 깨끗이 씻고 반을 잘라 한쪽만 5mm 두께로 썬다.
2 나머지 오렌지 절반은 즙을 짠다.
3 오렌지 슬라이스를 제외한 모든 재료를 볼에 넣고 되직해질 때까지 섞는다.
4 ③의 반죽을 오븐용기에 담아 180도로 예열한 오븐에서 20분간 굽는다.
5 오렌지 슬라이스를 올리고 5분간 더 굽는다.
6 원하는 모양으로 썰어 완성한다.

CHOCOLATE PUMPKIN CAKE

초콜릿호박케이크

초콜릿케이크에 애호박이 들어간다면 어떨까요? 상상할 수 없는 조합 같지만 소금에 절인 후 물기를 뺀 애호박을 갈아 케이크에 넣으면 적절하게 간이 배고 은은한 단맛이 감돌아 훨씬 풍성한 맛을 즐길 수 있어요.

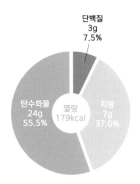

단백질
3g
7.5%

탄수화물
24g
55.5%

열량
179kcal

지방
7g
37.0%

재료(1/5개)

중력분 100g, 사과퓌레 25g, 사워크림 25g, 달걀 25g(1/2개), 애호박 50g,
초코파우더 25g, 올리브유 15g(1큰술), 비정제설탕 25g, 베이킹파우더 2g, 베이킹소다 1g,
소금 약간, 시나몬 약간, 넛맥 약간

만드는 법

1 애호박은 3mm 두께로 얇게 채 썰어 소금에 버무려 15분간 절인다.
2 애호박이 다 절여지면 짜서 물기를 제거하고 믹서에 간다.
3 모든 재료를 볼에 넣고 가루가 보이지 않을 때까지 섞는다.
4 오븐용기에 담아 180도로 예열한 오븐에서 20분간 굽는다.
5 원하는 모양으로 썰어 완성한다.

* 말린 애호박을 가니시로 얹어 내도 좋다.

GRILLED PEACHES
WITH GREEK YOGURT
구운 복숭아와 그릭요거트

복숭아와 그릭요거트는 오래전부터 궁합이 좋은 음식으로 잘 알려져 있죠. 복숭아에 오일을 발라 살짝 구우면 단맛이 한층 강해져 더욱 환상적인 맛을 낼 수 있어요. 그래놀라를 넣어 탄수화물 비중을 높이면 아침 식사로도 좋습니다.

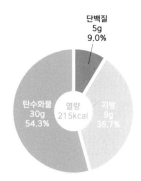

단백질
5g
9.0%

탄수화물
30g
54.3%

열량
215kcal

지방
9g
36.7%

재료(1인분)

복숭아 100g(1/2개), 엑스트라버진올리브유 5g(1작은술), 그릭요거트 50g, 그래놀라 20g, 민트잎 약간, 꿀 약간

만드는 법

1 복숭아는 반을 갈라 씨를 제거한다.

2 복숭아에 오일을 바르고 굽는다.

3 구운 복숭아 위에 그래놀라, 그릭요거트, 꿀을 순서대로 올리고 민트잎을 장식해 마무리한다.

BLUEBERRY OATMEAL BARS

블루베리오트밀바

오트밀을 넣어 아침 식사 대용으로도 좋은 블루베리오트밀바예요. 밀가루가 적게 들어간 대신 오트밀을 듬뿍 넣었어요. 넉넉하게 만들어 냉동실에 넣어두었다가 하나씩 자연해동해서 먹어도 좋아요.

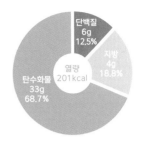

단백질
6g
12.5%

지방
4g
18.8%

열량
201kcal

탄수화물
33g
68.7%

재료(1조각)

오트밀 25g, 밀가루 12g, 달걀 12g(1/5개), 블루베리 5g, 비정제설탕 5g, 아몬드밀크 12g, 버터 3g, 시나몬 약간, 소금 약간, 코코넛오일 약간, 꿀 약간, 바닐라 약간

만드는 법

1   밀가루 2g, 오트밀 5g, 버터를 섞어 크럼블을 만든다.
2   ①의 재료를 제외한 나머지 모든 재료를 넣고 섞는다.
3   오븐팬에 ②의 반죽을 올리고 그 위에 ①의 크럼블을 얹는다.
4   180도로 예열한 오븐에 15분간 굽는다.
5   원하는 모양으로 썰어 완성한다.

부록

나의 지중해식 식사 이야기

지중해식 식단이 몸에 좋다는 사실은 누구나 알고 있지만, 어떻게 시작해야 할지 망설이는 사람이 많습니다. 그럴 땐 다른 사람보다 먼저 지중해식 식단을 접하고 몸이 달라진 사람들의 이야기를 들어보면 어떨까요? 식단을 관리하며 새로운 삶을 살게 된 세 사람의 이야기를 소개합니다.

CASE 1.

"2주간 당뇨 식단 실천 후 체중 감소와 식후 혈당이
안정적으로 관리되는 것을 경험했어요."

연령: 60대 중반 | **성별**: 남 | **질환**: 당뇨병과 고혈압
체험 식단: 당뇨케어 | **식단 목표**: 혈당 관리 | **관리 기간**: 2주

60대 중반 남성 이영○ 씨는 30여 년 전 당뇨와 고혈압 증세가 나타난 이후 약물 치료와 식단 조절로 건강을 꾸준히 관리해오고 있습니다. 지금도 현업에서 활발히 활동 중이지만, 직업상 다양한 식사 자리가 많은 편이라 평소 식단 관리에 대해 고민이 많았습니다. 건강을 고려하면 메뉴를 고르는 일이 쉽지 않았기 때문이죠.

그는 지난해 메디쏠라에서 진행된 혈당관리 식단 체험 행사로 지중해식 식단 관리에 참여했습니다. 무엇보다 혈당 수치를 안정화하는 게 목표였습니다. 메디쏠라의 당뇨케어 식단은 당뇨환자용 특수의료용도식품으로 단백질 18g 이상, 나트륨 1,350mg, 당류 10% 미만, 포화지방 10% 미만, 오메가-3 지방산: 오메가-6 지방산=1:8 이하로 구성된 식단입니다.

관리 기간은 메디쏠라 임상 영양전문가가 구성한 식단 가이드에 따라 1일 2식(주말 제외)으로 총 2주 동안 진행되었습니다. 한식, 양식 등 메뉴가 다양해 질리지 않게 풍성한 식사를 즐길 수 있었고, 하루 한 끼와 주말에는 자유식을 하되 영양전문가의 가이드라인에 따라 음식 종류와 섭취량을 조절했습니다.

"처음에는 양이 적어 보였는데, 먹고 나면 포만감이 오래 지속됐어요. 식사 두 시간 후 연속혈당측정기로 체크해보니 식단 관리를 시작하고 식후 혈당이 항상 160 이내로 관리되었죠. 당뇨식이어도 심심하지 않고 재료 자체의 맛과 간이 적절해 평소 먹는 식사와 비슷했고, 특별한 메뉴 구성으로 매일 외식하는 기분도 즐겼어요. 저의 베스트는 해물소고기덮밥이에요."

2주간 메디쏠라 당뇨케어 식단과 매일 8,000보 이상 걷기 운동을 실천한 결과, 이영○ 씨는 체중이 5kg 감소되고, 혈당 수치는 160mg/dl 이내로 조절되었습니다. 다른 메뉴를 먹었을 때는 혈당이 340mg/dl까지도 상승했는데, 지중해식 식사는 종류에 상관없이 식후 혈당이 안정적이었습니다. 또한 3주 후 진료 결과 장기간 혈당관리 지표인 HbA1C(당화혈색소)가 이전에는 7.8이었으나 체험 후 6.8로 감소되었습니다. 대한당뇨병학회에서 제시하는 당뇨 환자의 혈당관리 지표는 식사 두 시간 후 180mg/dl 이하입니다. 이영○ 씨의 사례는 지중해식 식단을 기반으로 한 메디쏠라 당뇨식 섭취로 혈당 강화 효과가 있다는 점을 증명해주었습니다.

[표] 이영○ 씨가 섭취한 메뉴별 식후 두 시간 혈당 수치

일반 메뉴	혈당	메디쏠라 당뇨케어 제품	혈당
돈까스	188	담백연어스테이크	135
콩국수(1.5인분)	262	매콤오징어제육덮밥	144
돈까스	180	오징어듬뿍토마토파스타	138
치즈김밥 1줄	168	간장돼지구이연근밥	155
김밥 1줄+라면 1/3	169	로제닭가슴살영양밥	126
소고기오일파스타	157	소불고기가득해물덮밥	133
병원 외래 - 생선 백반	177	닭가슴살치즈덮밥	134
삼계탕	218	들깨파스타	127

메디쏠라 식단 가이드

간편하게 영양 밸런스에 맞게 식사할 수 있도록 총정찬을 두고, 하루 열량 1,700kcal,
하루 섭취 단백질 양 60g 이상을 기준으로 식단을 제안했어요.

	1일		2일		3일	
	메뉴	열량	메뉴	열량	메뉴	열량
아침	당뇨케어 토제닭가슴살영양밥	410	당뇨케어 단백연어스테이크	455	당뇨케어 감자콩비지덮밥	420
간식	우유(또는 두유) 200ml	125	우유(또는 두유) 200ml	125	우유(또는 두유) 200ml	125
	호두 2알	50	호두 2알	50	호두 2알	50
	인절미 3조각	100	통밀빵 1쪽	100	찐고구마 70g(중 1/3개)	100
점심	잡곡밥 140g(2/3공기)	200	잡곡밥 140g(2/3공기)	200	잡곡밥 140g(2/3공기)	200
	제육볶음 80g	120	두부부침 160g	120	삼치구이 100g	150
	느타리버섯볶음 50g	50	멸치꽈리고추볶음 40g	50	참나물무침 30g	40
	알무김치 50g	20	배추김치 50g	20	깍두기 50g(10개)	20
	딸기 150g(7개)	50			멜론 120g	50
간식	감자 140g(중 1개)	100	배 110g(대 1/4개)	50	찰옥수수 70g(1/2개)	100
	호두 2알	50	호두 2알	50	호두 2알	50
저녁	당뇨케어 들깨파스타	420	당뇨케어 소불고기가득해물덮밥	470	당뇨케어 부드러운지리알리오올리오	400
합계		1,695		1,690		1,705

CASE 2.

"암 발생과 수술, 최적의 영양 식단 관리로 건강을 되찾고, 소중한 아기를 만나는 축복까지 얻었어요."

연령대: 40대 초반 | **성별:** 여 | **질환:** 자궁경부암
체험 식단: 당뇨케어 | **식단 목표:** 체중 조절, 위장장애 개선 | **관리 기간:** 1년

병원에서 간호사로 근무하는 백기○ 씨는 바쁜 일상에 끼니를 거르는 일이 잦았고, 특히 아침식사를 제대로 챙겨 먹지 못하는 게 고민이었습니다. 3년 전 자궁경부암을 초기 발견해 수술한 후에는 추적 검사를 진행하며 꾸준히 체중 조절에 신경을 쓰고 있었습니다. 하지만 일과 치료를 병행하며 균형 잡힌 영양소를 규칙적으로 섭취하기는 어려워서 가족의 소개로 메디쏠라 관리식을 시작하게 되었습니다. 간편하고 한 끼에 필요한 영양 밸런스가 잘 잡힌 메뉴 덕분에 1년간 꾸준히 섭취하며 식단을 관리 할 수 있었습니다.

"수술 후에 빠른 회복과 체중 조절이 가장 필요했어요. 그러기 위해 영양소를 골고루 섭취하는 식사가 필요했고, 여러 만성질환 등 합병증을 예방하려면 체중이 늘지 않도록 신경 써야 했어요. 또 위장 장애가 있어서 평소 속이 자주 쓰린데 이를 개선하기 위해서도 규칙적이고 건강한 식사가 필요했어요."

병원 진료에서 의료진이 치료를 위해 환자에게 권고하는 사항은 보통 체중 감소와 근육 증가 두 가지입니다. 나이가 들면 신진대사와 호르몬의 변화로 기초대사량이 줄어들어 체중이 쉽게 증가하고 빠지는 속도는 느려집니다. 특

히 여성들은 근육량이 적어 기초대사량이 낮고 에스트로겐 호르몬과 체지방 형태로 에너지를 비축하는 생체 시스템상 남성보다 더 살찌기 쉽습니다. 게다가 마른 체형이라도 복부 비만이 생기기 쉬운데, 이 같은 체중 증가를 방치하면 고혈압, 고혈당, 이상지질혈증의 위험이 높아지고 심뇌혈관 질환 및 암 재발 가능성에도 쉽게 노출됩니다.

백기○ 씨는 특수의료용도식품 당뇨환자용인 당뇨케어 식단을 선택했습니다. 이 식단은 한 그릇에 균형 잡힌 영양 설계가 담긴 원플레이트 요리로 매일 출근하는 사람도 간편하게 식단 관리를 실천할 수 있습니다.

"출근하는 주중에는 하루 2식을 메디쏠라 식단으로 해결했는데, 무엇보다 아침식사를 거르지 않고 먹을 수 있어서 좋았어요. 단 한 그릇으로 내 건강 고민에 맞게 조절된 영양소를 섭취할 수 있다는 점도 좋았죠. 또 밥, 면, 생선, 해산물, 고기 등 다양한 재료를 사용해 질리지 않고 먹을 수 있었는데, 개인적으로는 연어 메뉴가 원픽이에요. 최상급 엑스트라버진올리브유를 사용해 오븐에 구워서 비린 맛 없이 담백하고 고소하거든요."

백기○ 씨는 몇 개월간 메디쏠라 식단을 실천하면서 위장 장애가 개선되는 것을 느끼고, 암 수술 부위도 빠르게 회복해 일상에 무리 없이 복귀할 수 있었습니다. 식단과 함께 가벼운 운동도 시작했고, 건강이 좋아져 새 생명을 잉태하는 경사도 찾아왔습니다. 임신 중에도 당뇨 증세가 있어 식단을 꾸준히 관리해 임당 테스트도 무사히 통과했고, 얼마 전 건강한 아이를 출산했습니다. 여러 가지 몸의 변화를 겪으며 내게 맞는 영양 섭취와 식단 관리의 중요성을 깨달았다는 백기○ 씨. 건강한 몸과 행복을 되찾은 그녀에게 이제 '건강하게 먹는다'는 것은 나와 가족을 지키는 가장 중요한 기준이 되었습니다.

메디쏠라 식단 가이드

간편하게 영양 밸런스에 맞게 식사할 수 있도록 총점질을 두고, 하루 열량 1,500kcal,
하루 섭취 단백질 양 60g 기준으로 식단을 제안했어요.

		1일		2일		3일	
		메뉴	열량	메뉴	열량	메뉴	열량
아침		지중해식 홍치킨샐러드	310	전복죽 280g	160	BLT 샌드위치	400
		삶은 달걀 1개	75	달걀프라이 1개	125	우유(또는 두유) 200ml	125
간식		우유(또는 두유) 200ml	125	우유(또는 두유) 200ml	125	호두 2알	50
		통밀빵 1조각	100	호두 2알	50		
점심		당뇨케어 오징어듬뿍토마토파스타	385	당뇨케어 치즈닭가슴살덮밥	425	당뇨케어 매콤오징어제육덮밥	440
간식		키위 80g(중 1개)	50	방울토마토 300g	50	사과 80g	100
		호두 2알	50	호두 2알	50	호두 2알	50
저녁		당뇨케어 닭가슴살단호박에야	405	당뇨케어 간장돼지구이연근밥	525	당뇨케어 부드러운 치킨알리오올리오	400
합계			1,500		1,510		1,515

200

"식단 교체 후 만성화된 피로감과 알레르기가 개선되고 몸이 한층 가뿐해지는 등 체질이 변했어요."

연령대: 30대 후반 | **성별:** 남 | **질환:** 계절성 알레르기 비염
체험 식단: 밸런스 식단, 샐러드 식단 | **식단 목표:** 체지방 조절 | **관리 기간:** 수개월

30대 후반의 전문직 우창○ 씨는 건강한 성인 남성이지만 평소 계절이 바뀌면 나타나는 비염과 만성 피로감, 체지방 증가로 인한 관리의 필요성을 느끼며 건강 상태를 전반적으로 개선할 수 있는 방법을 고민했습니다.

"매해 봄과 가을, 환절기만 되면 알레르기성 비염이 나타나요. 약을 먹으면 조절되지만 먹지 않으면 일상생활이 불편할 정도예요. 또 일로 시간에 쫓기다 보니 배달음식이나 외식을 자주 먹게 되더라고요. 규칙적으로 식사하면서 몸에 필요한 영양소는 챙기고, 칼로리는 조절해 가뿐한 컨디션을 만들고 싶었어요."

지인을 통해 메디쏠라를 접한 그는 장기적인 건강 개선과 유지를 목표로 일상의 식습관을 바꿔보기로 했습니다. 그래서 탄수화물, 단백질, 지방의 열량 비율이 5:2:3으로 구성되고 오메가-3와 오메가-6 지방산 비율이 1:8 이하면서 오메가 3-지방산 함량이 한 끼에 0.5g 이상인 밸런스 식단을 시작했습니다.

메디쏠라 밸런스 식단은 세계적인 장수 건강식으로 꼽히는 지중해식을 한국인들에게 최적화된 영양 밸런스에 맞게 설계한 데일리 건강 식단입니다. 대학병원 의료진, 임상 영양전문가, 식품전문가, AI전문가가 과학적 검증을

통해 만드는 이 식단은 하루에 필요한 영양 밸런스를 충족하면서 한 끼 평균 400kcal로 설계된 원플레이트 메뉴로 간편하게 건강을 관리할 수 있습니다.

우창○ 씨는 밸런스 식단과 함께 간식으로 메디쏠라의 마녀수프, 치킨마녀 수프, 지중해식 샐러드 식단을 병행해 일일 칼로리를 채우고 부족한 영양소를 보충했습니다. 마녀수프에는 여섯 가지 이상의 채소가 들어가 있고, 샐러드 식단은 각종 채소에 치킨, 연어 등 다양한 단백질 토핑을 더해 포만감은 물론 장 건강에도 도움을 주어 효과적으로 체중 관리를 할 수 있었습니다.

"잠깐의 이벤트가 아니라 식단 관리를 꾸준하게 하려면 맛도 중요하거든 요. 밸런스 식단은 메뉴가 20여 종으로 다양한데, 셰프가 직접 개발해 음식점 못지않게 맛도 다채롭고 먹는 재미도 있어 좋았어요. 특히 왕돼지구이연근밥, 새우로제파스타는 건강식이라는 생각이 안 들 정도로 맛있더라고요. 성인 남 성이다 보니 식사 하나만으로는 부족해 식이섬유와 단백질을 보충할 수 있도 록 샐러드와 마녀수프를 더해 매끼 포만감 있고 맛있게 식사했어요."

몸에 무리를 주지 않으면서 영양소는 균형 있게 섭취하다 보니 체중 조절이 수월해졌고 알레르기도 이전보다 완화되었습니다. 이와 함께 고강도 유산소 운동은 일주일 1회 이상 두 시간씩, 근력 운동은 2회 이상 그리고 시간 날 때 마다 중저강도 운동도 계속했습니다. 수개월 식단 관리와 운동을 꾸준히 병행 한 결과 우창○ 씨는 이전보다 체중이 3kg이 감량되었습니다. 인바디 측정 결 과 근육량 역시 표준으로 유지하고 체지방은 12%로 감소되었습니다. 건강하 게 하루를 시작하니 집중도 더 잘되어 업무 효율성도 매우 개선되었다는 우창 ○ 씨. 평소와 다름없이 식사하면서 자연스럽게 체중 관리와 체력 증진 효과 를 얻은 것이 그가 느끼는 무엇보다 만족스러운 점이었습니다.

메디쏠라 식단 가이드

제주 감량나 기초 체력 증진을 원하는 분으로 하루 열량 1700kcal, 하루 섭취 단백질 양 65g 기준,
한 달 2kg씩 제중 감량을 목표로 식단을 제안했습니다.

	1일 메뉴	열량	2일 메뉴	열량	3일 메뉴	열량
아침	당뇨케어 문제닭가슴살영양밥	410	당뇨케어 단백연어스테이크	455	당뇨케어 감자콩비지덮밥	420
간식	우유(또는 두유) 200ml	125	우유(또는 두유) 200ml	125	우유(또는 두유) 200ml	125
	식빵 1조각(35g)	100	모닝빵 35g(1개)	100	에그마요 샌드위치 100g	120
	딸기잼 30g(1스푼 반)	90				
점심	잡곡밥 140g(2/3공기)	200	서리태콩국수 1인분(700g)	500	잡곡밥 140g(2/3공기)	200
	순두부찌개 200g	90	배추김치 50g	40	고등어구이 100g	150
	시금치나물 50g	50			깻잎나물 50g	40
	가지부침 70g	50			참나물무침 50g	30
	오이소박이 50g	20				
간식	딸기 150g(7개)	50	배 110g(대 1/4개)	50	수박 150g(중 1쪽)	50
	호두 4알	100	호두 2알	50	호두 2알	50
저녁	당뇨케어 들깨파스타	420	당뇨케어 부드러운참깨칼리오룰리오	400	당뇨케어 소불고기가득해물밥	470
합계		1,705		1,720		1,725

한국인 맞춤형 세계 최고의 저속노화 건강 식단

맛있는 지중해식 레시피

펴낸날 초판 1쇄 2023년 12월 29일 | 초판 5쇄 2025년 1월 10일
지은이 김형미·이지원·이승연·이돈구

펴낸이 임호준
출판 팀장 정영주
책임 편집 조유진 | **편집** 김은정 김경애 박인애
디자인 김지혜 | **마케팅** 길보민 정서진
경영지원 박석호 유태호 신혜지 최단비 김현빈

인쇄 도담프린팅

펴낸곳 비타북스 | **발행처** (주)헬스조선 | **출판등록** 제2-4324호 2006년 1월 12일
주소 서울특별시 중구 세종대로 21길 30 | **전화** (02) 724-7648 | **팩스** (02) 722-9339
인스타그램 @vitabooks_official | **포스트** post.naver.com/vita_books | **블로그** blog.naver.com/vita_books

ISBN 979-11-5846-407-3 13590

비타북스는 독자 여러분의 책에 대한 아이디어와 원고 투고를 기다리고 있습니다.
책 출간을 원하시는 분은 이메일 vbook@chosun.com으로 간단한 개요와 취지, 연락처 등을 보내주세요.

비타북스는 건강한 몸과 아름다운 삶을 생각하는 (주)헬스조선의 출판 브랜드입니다.